高层建筑
脉动风荷载及结构抗风设计

孙业华 著

Fluctuating Wind Excitation on
High-Rise Buildings and Structural Wind-Resistant Design

广西师范大学出版社
·桂林·

高层建筑脉动风荷载及结构抗风设计
GAOCENG JIANZHU MAIDONGFENG HEZAI JI JIEGOU KANGFENG SHEJI

图书在版编目（CIP）数据

高层建筑脉动风荷载及结构抗风设计 / 孙业华著. -- 桂林：广西师范大学出版社, 2025.5. -- ISBN 978-7-5598-7472-6

Ⅰ. TU973.3

中国国家版本馆 CIP 数据核字第 2024QX9802 号

广西师范大学出版社出版发行

（广西桂林市五里店路 9 号　邮政编码：541004）

网址：http://www.bbtpress.com

出版人：黄轩庄

全国新华书店经销

广西广大印务有限责任公司印刷

（桂林市临桂区秧塘工业园西城大道北侧广西师范大学出版社集团有限公司创意产业园内　邮政编码：541199）

开本：787 mm × 1 092 mm　1/16

印张：7.75　　插页：3　　字数：193 千

2025 年 5 月第 1 版　　2025 年 5 月第 1 次印刷

定价：98.00 元

如发现印装质量问题，影响阅读，请与出版社发行部门联系调换。

前　言

随着社会经济的发展及科技的创新，高层建筑日益向更高、更柔软的趋势发展。超高层建筑具有轻质、高柔等特性，对风荷载特别敏感。在强风作用下，由建筑振动响应过大导致的居住不适和建筑外围护损坏等情况时有发生。因此，高层建筑抗风设计不仅要关注结构的安全性，而且要对正常使用条件下居住的舒适性进行研究。当前，随着大量高层建筑采用非线性阻尼设备，结构平扭风振响应变得越来越复杂，这对确定作用在建筑物上的动力风荷载提出了新的挑战。本书大致可分为两个部分：高层建筑平扭脉动风荷载模拟和表面风压场重构研究。

第一部分主要研究高层建筑顺风向脉动风激励、横风向脉动风激励、扭转向脉动风激励及相应结构的风振响应。

（1）顺风向脉动风激励数值模拟与结构响应研究。高层结构表面的风压基本上由来流特性控制，其满足拟定常假设风荷载，时间序列符合高斯分布。本书利用达文波特（Davenport）、卡曼（Kaimal）、冯·卡门（von Kármán）提出的风速谱和达文波特空间相干函数，并运用谐波合成法模拟了沿楼层高度分布的顺风向脉动风速时程，同时对典型矩形高层建筑进行了风振时程分析，分析结果表明：冯·卡门谱模拟计算出的加速度根方差与我国相关荷载规范和美国圣母大学（University of Notre Dame，UND）空气动力数据库中的加速度根方差基本一致，达文波特谱高估加速度响应约25%，卡曼谱则相反，低估了约20%。在此基础上，本书研究了结构风振响应规律与顺风向气动阻尼的关系，随着折减风速的增大，结构顶部位移加速度响应根方差减小了5%～20%，加速度响应根方差减小了5%～16%。

（2）横风向脉动风激励数值模拟与结构风振响应研究。考虑到楼层质量分布对建筑横风向脉动风力的影响，且横风向涡激气动力与结构运动的相关性较强，本书提出了一种改进的矩形高层建筑横风向脉动风激励模拟方法。第一步将沿建筑高度分布的横风向加速度谱和楼层质量转化为沿楼层高度分布的横风向惯性力谱；第二步结合横风向风力谱的竖向相干函数，模拟沿建筑高度分布的横风向脉动风力时间序列。所模拟的横风向风力谱与目标谱的吻合程度较高，能准确反映横风向脉动力谱窄带宽峰特性。模拟结果表明：第一阶振型占主导地位，第二阶振型对结构加速度的贡献不容小觑。在结构 2/3 高度处设置黏滞阻尼器时，第二阶频率对应的功率谱峰值减小得较为明显，峰值统计值平均降低约 43.1%，因此计算横风向加速度时至少需要考虑前 2 阶振型。此外，在研究横风向气动阻尼效应的过程中发现，当折减风速约为 10.02 时，顶部位移出现最大横风向位移峰值，位移根方差增大约 57.2%。因此，进行结构抗风设计时应采取有效措施避开该段的气动效应。

（3）扭转向脉动风激励数值模拟与风致振动研究。考虑到建筑层间转动惯量分布对建筑扭转向脉动扭矩的影响，本书提出了基于基底扭矩功率谱密度函数的矩形高层建筑扭转向脉动风激励模拟方法。研究表明：建筑顶部扭转角加速度与日本建筑学会（Architectural Institute of Japan，AIJ）建议的最大扭转角加速度经验公式计算结果的吻合程度较高（AIJ，2015），且能反映不同深宽比（D/B）的扭转角加速度特征。而本书利用达朗贝尔原理，将建筑层间转动惯量和扭转角加速度谱转化成层间扭转功率谱，并结合扭转竖向相干函数，模拟了沿楼层高度分布的扭转向脉动风激励时程，在时域内得到的扭转角加速度响应根方差比 UND 数据库中的大了约 10%。此外，结构扭转向加速度的响应主要受到结构扭转向第一阶振型的影响。

第二部分是高层建筑表面脉动风压场的外推插值重构研究。为提高建筑边缘或角部区域风压场脉动风压外推插值重构计算的精度，本书引入冯·卡门函数，并提出了一种改进的本征正交分解（proper orthogonal decomposition，POD）- 克里金（Kriging）法。由于赫斯特（Hurst）指数和风压场相关长度具有一定的先验性，可通过实测数据确定先验参数的取值，使本书改进的本征正交分解 - 克里金法在计算过程中具有一定的风压场统计特征。研究表明：由重标极差分析法（rescaled range analysis，R/S）得到的建筑迎风面的赫斯特指数为 0.75～0.85，说明数据的时间序列具有长期记忆效应，属于自相似的随机过程。这使得所提出的边角区域外推插值重构法的计算精度优于三次样条插值法和基于线性变异函数的普通克里金法。

作为研究结构抗风的著作，本书的出版是对脉动风荷载在顺风向、横风向和扭转向三个方向脉动分量模拟的深入探索。本书在撰写过程中，参考了随机振动相关理论和大量学者的研究成果，希望本书的出版能够推动对相关理论的研究，为结构抗风设计领域提供帮助与借鉴。由于时间有限，书中难免有不足之处，谨请同行专家批评指正。本书的出版得到了江西财经大学信息管理与数学学院的资助。在此，感谢所有为本书的出版提供帮助的专家和领导。

孙业华
2024 年 3 月

目 录

第1章　绪　论	001
1.1　高层建筑发展现状	002
1.2　风对结构的作用	003
1.2.1　风　灾	003
1.2.2　风致建筑结构振动	005
1.2.3　建筑围护结构损坏	006
1.3　高层建筑风荷载的研究进展	007
1.3.1　顺风向风荷载及风振响应研究	007
1.3.2　横风向风荷载及风振响应研究	009
1.3.3　扭转向风荷载及风振响应研究	011
1.3.4　高层建筑气动阻尼研究	013
1.4　高层建筑表面风压场重构研究	014
1.5　研究内容与思路	015
第2章　高层建筑顺风向脉动风荷载模拟与时程分析	017
2.1　高层建筑风致振动基本理论	018
2.1.1　高层建筑风振控制时域分析	018
2.1.2　高层建筑风振控制强行解耦法	020
2.1.3　高层建筑顺风向气动阻尼	022
2.1.4　高层建筑振动加速度分析方法	022
2.2　顺风向脉动风数值模拟方法	023
2.2.1　脉动风特性	023
2.2.2　谐波合成法	026
2.3　高层建筑顺风向脉动风荷载时程分析	028
2.3.1　结构模型参数	028
2.3.2　风荷载参数	029

        2.3.3 顺风向气动阻尼比 030
        2.3.4 顺风向脉动风速时程模拟 030
    2.4 高层建筑顺风向加速度响应分析 035
        2.4.1 不同风速谱的影响 035
        2.4.2 气动阻尼比的影响 041
    2.5 本章小结 044

第3章 高层建筑横风向脉动风力模拟研究 045
    3.1 高层建筑横风向结构运动方程 046
    3.2 横风向脉动风力功率谱函数 048
        3.2.1 横风向脉动力自功率谱 048
        3.2.2 横风向脉动力互功率谱 049
    3.3 高层建筑横风向脉动风力时程模拟 050
        3.3.1 结构横风向模态及风场参数 050
        3.3.2 横风向气动阻尼比 050
        3.3.3 横风向脉动风力时程模拟 052
    3.4 高层建筑横风向加速度响应分析 054
        3.4.1 横风向加速度响应统计分析 054
        3.4.2 黏滞阻尼器的结构加速度响应统计分析 056
        3.4.3 横风向气动阻尼比的影响 060
    3.5 本章小结 063

第4章 高层建筑扭转向脉动风荷载模拟研究 065
    4.1 高层建筑扭转结构振动方程 067
    4.2 脉动扭矩功率谱函数 068
        4.2.1 脉动扭矩自功率谱 068
        4.2.2 脉动扭矩互功率谱 070
        4.2.3 不同深宽比的脉动扭矩功率谱模拟 071
    4.3 高层建筑脉动扭矩时程模拟 072
        4.3.1 结构扭转向模态及风场参数 072
        4.3.2 高层建筑脉动扭矩时程模拟 072
    4.4 高层建筑扭转向加速度响应分析 074
    4.5 本章小结 076

第5章 高层建筑表面风场外推插值重构研究 077
    5.1 本征正交分解-克里金法基本理论 080

5.1.1　本征正交分解法（POD） 080
　　5.1.2　克里金插值法 081
　　5.1.3　冯·卡门相关函数 082
　5.2　风压场外推插值重构 083
　　5.2.1　试验模型数据 083
　　5.2.2　POD模态分析 084
　　5.2.3　赫斯特指数 086
　　5.2.4　表面风压内插重构分析 086
　　5.2.5　表面风压外推插值重构分析（Ⅰ） 088
　　5.2.6　表面风压外推插值重构分析（Ⅱ） 089
　　5.2.7　表面风压外推插值非高斯特性分析 090
　5.3　本章小结 092

第6章　超高层建筑风振控制分析 093
　6.1　项目概况 094
　6.2　结构风振控制方案 095
　6.3　高层建筑脉动风荷载数值模拟 095
　6.4　建筑风振控制方案分析 099
　6.5　本章小结 101

第7章　结论与展望 103
　7.1　结　论 104
　7.2　创新点 105
　7.3　展　望 105

参考文献 106

附　录　重标极差分析法（R/S） 116

第 1 章

绪 论

1.1 高层建筑发展现状

随着工业革命的持续推进,经济技术领域得到了迅猛发展,而人口大量向大都市区域聚集,大大加剧了城市土地资源的稀缺。在这样的背景下,人类开始探索和实践更高水平的建筑技术,这使得我们的城市天际线屡次被刷新。据世界高层建筑与都市人居学会(Council on Tall Buildings and Urban Habitat, CTBUH)的统计,2000~2010年全球最高的100座建筑的平均高度从286 m增加到349 m。截至2022年,全球已经建成了2071座高度为200 m及以上的超高层建筑,中国竣工的有1344座;全球高度超过300 m的建筑有211座,中国竣工的有137座,占比超过50%。目前国内已建成或在建的500 m以上高层建筑(部分如图1.1所示)主要有上海中心大厦(632 m,结构高度

(a)上海中心大厦　　(b)深圳平安国际金融中心　　(c)天津高银金融117大厦

(d)广州周大福金融中心　　(e)天津周大福金融中心　　(f)北京中信大厦

图1.1　我国已建成的高层建筑

580 m,地上 127 层)、深圳平安国际金融中心(599.1 m,结构高度 555.6 m,地上 118 层)、天津高银金融 117 大厦(结构高度 596.5 m,地上 117 层)、广东周大福金融中心(530 m,地上 111 层)、天津周大福金融中心(530 m,地上 97 层)、北京中信大厦(528 m,地上 108 层)、台北 101(508 m,地上 101 层)。这些高层建筑共同的特征是结构自重越来越轻,刚度越来越柔,基本周期越来越长(与自然风脉动分量的卓越周期不断接近),结构对风的作用越来越敏感,而风荷载对此类结构的设计通常起着控制性作用。

1.2 风对结构的作用

1.2.1 风 灾

风与社会的发展及人类的生产活动息息相关,从古代利用风车灌溉农田到现代利用风力发电解决电力短缺问题,风不断为人类造福。但风也会给人类社会带来巨大的灾害,据统计,人类所遭受的自然灾害中,风灾造成的经济损失远超地震、水灾及火灾等各种自然灾害之和,尤其是台风、飓风、龙卷风等所造成的人员伤亡、经济损失及社会影响更为突出(表 1.1)。全球每年产生的风力在 8 级以上的热带气旋达 80 多个,死亡人数约为 2 万人,经济损失超过 80 亿美元。

表 1.1 近年来国内外风灾统计结果

时间	登陆地点	类型	名称	造成的人员伤亡和经济损失
2004 年 9 月	美国	飓风	伊万	42 人丧生
2005 年 8 月	美国	飓风	卡特丽娜	1800 人丧生,经济损失至少为 750 亿美元,是美国历史上破坏力最大的飓风
2008 年 5 月	美国	龙卷风	—	22 人死亡,100 多人受伤
2011 年 4 月	美国	龙卷风	—	340 人死亡
2012 年 8 月	美国	飓风	桑迪	233 人丧生,造成的直接经济损失为 700 亿美元
2017 年 8 月	美国	飓风	哈维	107 人丧生,经济损失高达 1250 亿美元
2017 年 8 月	美国	飓风	玛丽亚	死亡人数合计达到 3000 人(包括美属波多黎各),美国的经济损失为 910 亿美元
2001 年 8 月	中国台湾	台风	桃芝	35 人死亡,31 人受伤,108 人失踪,农林经济损失估计超过 14 亿新台币
2003 年 9 月	中国广东	台风	杜鹃	38 人死亡,损坏房屋 13785 间
2004 年 8 月	中国浙江	台风	云娜	164 人遇难,失踪 24 人,经济损失为 181 亿元
2005 年 8 月	中国浙江	台风	麦莎*	死亡 20 人,伤 5 人,直接经济损失为 171.1 亿元
2006 年 8 月	中国浙江	台风	桑美*	伤亡 483 人,直接经济损失为 196 亿元
2009 年 8 月	中国台湾	台风	莫拉克*	死亡 461 人,失踪 192 人,受伤 46 人,直接经济损失为 114.5 亿元
2013 年 9 月	中国广东	台风	天兔	死亡 32 人,经济损失为 202 亿元

续表

时间	登陆地点	类型	名称	造成的人员伤亡和经济损失
2013年8月	中国广东	台风	尤特*	81死16伤21失踪，经济损失为372亿元
2014年7月	中国海南	台风	威马逊*	56人死亡，20人失踪，直接经济损失超过385亿元
2015年8月	中国福建	台风	苏迪罗*	26人死亡，7人失踪，4600余间房屋倒塌，直接经济损失为137.7亿元
2015年10月	中国广东	台风	彩虹*	死亡和失踪23人，直接经济损失超过230亿元
2016年9月	中国福建	台风	莫兰蒂*	死亡18人，失踪11人，直接经济损失为16.6亿元
2017年8月	中国广东	台风	天鸽*	死亡24人，经济损失为68.2亿美元
2018年9月	中国广东	台风	山竹*	5人死亡，1人失踪，直接经济损失为52亿元
2019年8月	中国浙江	台风	利齐马	56人死亡，14人失踪，直接经济损失为537.2亿元
2023年7月	中国福建	台风	杜苏芮	残余环流致154人死亡失踪，经济损失为1873亿元

注：部分数据来源于中国气象台风网的《台风盘点》，*代表被除名的台风名称。

人类所遭受的风灾，有相当一部分会对土木结构造成破坏（图1.2）。随着力学界和工程界对风灾有了正确认识，以及不断探索风与结构的相互作用机理，人类在工程建造实践中取得了显著的成就，大大降低了风灾所造成的经济损失和社会影响。

（a）飓风"卡特里娜"损坏的房屋 　　（b）台风"云娜"摧毁的厂房

（c）台风"麦莎"折断的高压输电塔 　　（d）飓风"卡特里娜"摧毁的石油钻井平台

图1.2　风灾中损毁的土木结构

1.2.2 风致建筑结构振动

风致结构振动响应在很大程度上取决于建筑的几何外形、结构刚度、阻尼比和质量等因素。不同的几何外形会造就不同的气流绕流模式，由此形成的风荷载也不同，如超高层建筑——上海中心大厦改变几何外形后，通过风洞实验发现，旋转、不对称的外立面较方形截面减少了约 60% 的风荷载。当来流脉动风卓越频率与结构固有频率接近时，会产生较大的风致振动响应。

除结构本身的特性之外，结构的风致振动还与来流脉动风的特性有关。来流脉动风的紊流尺度越大、紊流度越高，结构的随机风振响应越大。另外，当上游结构或其他障碍物对来流有一定的干扰时，结构绕流产生的旋涡脱落可能会导致其下游产生高紊流度且沿横风向流动的尾流，该现象称为气动不稳定；当下游结构处在气动不稳定区域内时，下游的来流会产生显著的脉动现象，使结构的振动形态改变，而结构的振动形态反过来又会改变其绕流形态，这种流固耦合（fluid-structure interaction，FSI）现象称为气弹效应。当气动阻尼为负值时，在振动方向上产生的附加的气动力影响逐渐增大，当出现激振模式或耦联现象时，容易导致结构气动失稳（即气弹失稳现象），此时发生风损或风毁事故的几率则更高。根据气弹振动的机理（日本建筑学会，2010），可将结构的风致振动分为强迫振动和自激振动两大类，而湍流抖振属于随机强迫振动的范畴。由于湍流具有三维特性，引起的结构抖振响应也具有三维特性，即顺风向、横风向及扭转风向抖振，通常用随机振动理论进行研究。1926 年美国迈阿密的迈耶 - 凯泽（Meyer-Kiser）大楼［图 1.3（a）］在强风作用下发生结构扭转振动，导致结构中承重的钢框架因发生塑性变

（a）被飓风严重损坏的迈耶 - 凯泽大楼　　（b）台风中剧烈振动的香港日出康城大楼

图 1.3　高层建筑风致振动

形而严重损毁（Simiu and Yeo，2019），之后相继有学者开展了高层建筑的扭转振动研究（Dalgliesh et al.，1983；Kijewski et al.，2003）。2018 年 9 月台风"山竹"过境香港时，香港日出康城大楼在强风作用下剧烈晃动。因此，系统研究高层建筑风致振动所造成的结构安全性问题和居住的舒适性意义重大。

1.2.3 建筑围护结构损坏

随着人类对风致结构振动机理的不断探索和实践，目前所建造的工程在强风作用下出现整体性破坏的现象较少，但是局部围护结构损坏的现象时有发生。例如，高层建筑的幕墙脱落（图 1.4）所造成的社会影响和经济损失不容忽视。20 世纪 70 年代已有学者研究证明：高层建筑风压的正压区基本符合高斯分布，但是负压区具有一定的偏态（Peterka and Cermak，1975）。此后，学者们开展了一系列建筑表面围护结构的风压非高斯性研究，发现在气流分离区，风压的概率分布具有明显的非高斯性，但是未给出峰值因子的取值（Kareem and Cermak，1984；Gioffrè et al.，2001；Ko et al.，2005；秦付倩，2012）。风洞试验表明：在建筑物转角的气流分离区，风压梯度明显增大，仍然按高斯分布预测的风压峰值会远小于实际的风压，最大峰值负压系数从 $-3.0 \sim -4.0$ 增大到 -8.0[①]（项海帆，1997）。

目前，建筑表面风压研究主要借助大气边界层风洞试验来完成。为满足紊流积分尺度相似的要求，风洞试验模型通常选择 $1:800 \sim 1:300$ 的缩尺比（Hua et al.，2010），由此布置在试验模型表面的风压测点数量及位置明显受限。而在高层建筑的角部、大跨度结构的屋檐和屋脊等部位的气流强分离区难以布置测点，所测得的局部风压误差相对

（a）美国约翰汉考克大楼玻璃幕墙损坏 　（b）香港湾仔数幢大厦玻璃幕墙损坏 　（c）台风"山竹"造成香港九龙海逸君绰酒店玻璃幕墙损坏

图 1.4　强风造成的高层建筑围护结构的损坏

---

① 该数值绝对值越大表示越不利。

于其他区域也较大。为确定结构抗风设计、幕墙或维护结构设计风荷载数据，对建筑表面风压场的重构研究具有重要的工程实践意义。

1.3　高层建筑风荷载的研究进展

风荷载以面荷载的形式作用在建筑物表面，不同的表面形状产生的气动力不同。高层建筑在高度方向上具有连续的整体性且满足刚性隔板假定，因此，可将风荷载凝聚成广义的集中力作用在高层建筑等效质点上。在高层建筑抗风研究中，根据来流方向与结构振动的关系，可把风荷载分为顺风向风荷载、横风向风荷载和扭转向风荷载。与此同时，可把高层建筑风振响应分为顺风向、横风向和扭转向的三个分量来考虑。根据风荷载的形成机理，顺风向风荷载主要由迎风面和背风面的压力脉动产生，并受来流湍流的影响；横风向风荷载主要由剪切层分离导致旋涡脱落引起；扭转向风荷载则由建筑表面压力分布不对称引起（Kareem，1985）。

顺风向风荷载所产生的荷载效应较强，形成机理相对简单，研究成果较为成熟。横风向风荷载产生的原因复杂，影响因素较多，难以直接给出形成机理，通常借助大气边界层风洞试验进行研究。前人对顺风向、横风向风荷载的研究成果已被各国加以推广使用。扭转向风荷载的结构响应远不及顺风向风荷载，由于试验测量手段和对扭转机理认识的局限性，有关扭转向风荷载的研究成果较少（余先锋等，2015）。下面对顺风向、横风向和扭转向风荷载及风振响应等的研究成果进行介绍。

1.3.1　顺风向风荷载及风振响应研究

大量的脉动风实测资料显示，瞬时风速包含两种成分：①长周期成分，通常在10 min以上；②短周期成分，通常只有几秒钟。由此可把瞬时风速分解为平均风速和脉动风速，顺风向风荷载可表示为平均风压和来流脉动成分引起的脉动风压。由于风荷载自身具有非定常性和建筑造型具有差异性，风荷载对建筑物的作用非常复杂，其具有以下特点：①包含静力成分和动力成分，且分布不均匀，随时间和作用点位置变化而变化，同时风荷载作用时间长且频发；②与建筑物形状、动力特性有直接关系，有时风振响应还包括明显的气动耦合效应；③明显受建筑物周围的环境干扰。除风荷载自身的特性外，建筑物的形状是影响顺风向风荷载的主要因素，为了研究顺风向风荷载的形成机理，根据建筑造型、结构刚度以及风振响应，将与顺风向风荷载相关的内容大致分为：①平均风压系数；②脉动风压系数；③脉动风速功率谱；④沿高度方向的相关性；⑤顺风向风振分析方法。

建筑体型系数是风荷载计算中的重要参数之一。20世纪30年代，Bailey（1933）研究了不同截面下的建筑表面阻力系数。Flachsbart（1932）得出了边界层流与均匀流得到的压力系数存在差异的结论。Güven等（2006）研究了圆柱体平均风压系数与表面粗糙度之间的关系。随着大气边界层风洞试验多点同步测量技术的发展，对高层建筑表面风压体型系数的研究更加精细化。Lin 等（2005）研究了 9 组不同高宽比、厚宽比的矩形建筑模型，并通过风洞同步测压试验得到了高层建筑表面平均风压的分布情况。叶丰（2004）和唐意（2006）通过风洞试验研究了异形建筑表面风压系数分布情况。

Davenport（1963）在 20 世纪 60 年代提出抖振理论，并对脉动风速谱、脉动风空间相干函数的指数型经验公式做了规定，为结构的顺风向风荷载和风振响应计算奠定了基础（Davenport，1993，1995）。此后关于建筑风振响应的研究逐渐增多，其研究成果在工程实践中逐步得到应用和发展。另外，Davenport（1967）认为风荷载为平均风荷载和脉动风荷载之和，并以平均风荷载引起的结构变形与脉动风荷载引起的结构变形基本一致为前提，提出了阵风荷载因子（gust load factor，GLF）法。

分析顺风向风荷载时通常采用两大假定：①脉动风压与风速中的脉动成分可简化为线性关系；②脉动风速为平稳高斯过程，且风速谱与高度无关。这两大假定简化了顺风向风荷载计算过程，被多个国家的荷载规范所采纳。随着风洞试验技术的发展，叶丰（2004）和唐意（2006）通过风洞试验研究了顺风向脉动风压系数和功率谱。国际上通用的风速谱有达文波特谱、冯·卡门谱、希缪（Simiu）谱、哈里斯（Harris）谱、卡曼谱等，其中达文波特谱、哈里斯谱通过在不同地点、不同离地高度所实测的强风记录，获取不同离地高度下实测值的平均值，所以不能反映风速谱随高度的变化，实际为 10 m 高度处的脉动风速谱。1948 年冯·卡门在风洞试验基础上，首次提出沿高度变化的冯·卡门脉动风速谱。希缪谱、卡曼谱则考虑了近地表层中湍流积分尺度会随高度发生变化。我国相关规范和工程实践一般采用达文波特谱，由于达文波特谱值偏大范围处在脉动风卓越频率与结构自振频率相接近的区间，所以基于达文波特谱计算的结构动力响应偏于保守。

作用在建筑迎风面和背风面的风荷载形成机理不同，迎风面和背风面的风荷载的作用并非完全同步，其相关性直接影响顺风向脉动风力的大小。因此，需要研究建筑物上脉动风压的空间相关性。Davenport（1961）认为可假定迎风面和背风面的正负风压完全相关，并根据实测和试验研究结果提出了脉动风指数形式的相关性函数，该函数与频率和两点间的距离有关。Shiotani 在试验的基础上提出了仅与两点间的距离有关的相干函数（张相庭，2006）。希缪认为假设迎风面和背风面的正负风压完全相关太过保守。唐意等（2011）通过风洞试验证明：采用达文波特相干函数表示的顺风向风压相干性误差不大，采用完全相关假设会相对保守，同时指出迎风面和背风面的相干性与建筑截面的深宽比相关。在求解建筑整体的荷载时，宽度方向和高度方向的相关性尤为重要，建筑深宽比和来流湍流特性对矩形高层建筑顺风向脉动风荷载的空间相关性有一定影响（袁家辉等，2024）。此外，建筑迎风面宽度、纵横比、离地距离和低频校正等因素对空间相关性的影响也不可忽视（Zeng et al.，2023）。建筑物前后风压的相关性则比较复杂，且高层建筑的高度远大于宽度，风向垂直于建筑立面时，迎风面阻力与背风面阻力呈强负相关（杨庆山等，2023）。迎风面以正压为主，背风面以负压为主，从工程的角度，一般认为建筑前后面的脉动风压全相关，仅需研究脉动风压的上下相关性和左右相关性。

根据达文波特提出的阵风荷载因子法理论，顺风向风荷载为平均风荷载和脉动风荷载之和，平均风荷载可按静力作用考虑，因此平均风荷载下的结构效应可按静力分析法得到；脉动风荷载具有动力特性，需要按照随机振动理论进行结构动力分析。20 世纪 90 年代，顺风向风荷载研究得到了进一步的发展，有学者发现本征正交分解（POD）法有助于简化顺风向风致振动的分析过程。Davenport（1993，1995）采用 POD 法研究了风速场和风压场，提出 POD 法能够简化顺风向风荷载的计算。Kikuchi 等（1997）研究了矩形建筑模型随机风场正交分解，指出正交分解可以简化顺风向阻力的构成，仅采用少量的荷载主模态，即可让顺风向结构响应得到较高的精度。Carassale 和 Solari（2002）通过对气动力协方差矩阵和结构基频对应的气动力互谱矩阵进行分解，得到简化的风致结构振动背景响应及共振响应，他们所提出的双模态分析方法，在对气动力实施正交分解后，可进一步简化气动力主模态的个数。李杰和刘章军（2008）根据随机过程的卡尔胡宁-洛夫（Karhunen-Loève）分解，将反映脉动风速空间相关性的随机场进行正交展开，发展出了利用随机函数表达脉动风速随机场的基本方法，为风荷载作用下的工程结构随机动力反应及动力可靠性研究奠定了基础。刘章军等（2014）在此基础上验证了脉动风速过程模拟正交展开的优势，其所需的基本随机变量数量最少，同时可以对高斯平稳过程和非高斯平稳过程进行模拟。

高层建筑顺风向风振效应是结构抗风研究者关注的首要问题之一。达文波特提出的阵风荷载因子法（GLF）以位移响应为基础，对结构位移有较高的计算精度，能够准确描述背景等效风荷载及响应，而该方法的缺陷是不能用于均值为零的情况。我国相关规范采用惯性风荷载（inertial wind load，IWL）法（张相庭，1985），该方法采用惯性力模型计算背景和共振分量，能够正确描述共振分量。Kareem 和 Zhou（2003）提出了基底弯矩阵风因子（base moment gust load factor，MGLF）模型，基于脉动基底弯矩，按振型分解法则可得到共振等效风荷载。此外，有学者研究了结构高阶振型对结构风振响应的影响。Fujimoto 等（1977）采用气弹模型试验研究了高阶振型对加速度均方根的贡献（占一阶振型的 10% 左右）。Simiu（1976）指出高阶振型对加速度的贡献约为 5%～20%。Kareem（1981a）建议在高层建筑的强度和稳定性方面可考虑一阶振型，但是对于加速度的计算需考虑高阶振型的影响。李寿英和陈政清（2010）等的研究结果表明一阶振型可以满足工程上位移响应的要求，但对于加速度响应，至少要考虑前四阶振型的影响。

综上所述，学者们对顺风向风荷载的研究成果较为丰富：①顺风向脉动风荷载的平均分量可按静力分析法研究，脉动分量需要按动力分析法研究；②高层建筑脉动风的空间相干性可仅考虑宽度方向和高度方向；③正交空间展开技术可简化顺风向风荷载分析过程；④脉动风中的脉动分量会产生共振效应，计算位移或内力时可仅考虑结构基本振型，但计算加速度响应时需要考虑结构高阶振型的贡献。

1.3.2　横风向风荷载及风振响应研究

横风向风荷载的产生机理较为复杂，且影响因素较多，很难直接通过理论分析其成因。目前，研究横风向风荷载主要依赖于大气边界层风洞试验技术。已有的风洞试验研究了矩形高层建筑，其横风向气动力为结构左右两侧风压的合力，气流在迎风面角部发生分离，两侧的风压位于流场尾流区，随着旋涡在尾流区不断周期性脱落，横风向气动力也呈周期性变化，且大致可分为两部分（Vickery and Basu，1983；Simiu and Yeo，2019）：①结构不发生变形时，尾流中旋涡脱落引起的荷载和横风向紊流引起的荷载；②结构振动变形与周围流场相互作用引起的附加气动力。当来流风速达到临界风速时，结构会发生"锁定"现象，而横风向涡激气动力与结构运动的相关性较强，这是横风向响应强于顺风向响应的根本原因。高层建筑在强风下发生涡激振动的可能性较大，结构的安全性和居住的舒适性主要受横风向风荷载影响。

由于横风向平均风荷载较小，对横风向风荷载的研究主要集中在脉动风荷载特性方面。就横风向脉动风荷载的形态而言，横风向风力谱有尖的能量谱峰，具有明显的窄带宽特性。对横风向风荷载的研究主要从以下三个方面展开：①建筑截面对横风向风荷载谱的影响；②横风向风荷载谱的构成；③横风向气动阻尼识别。

早期对高层建筑横风向气动力谱的研究主要集中在通过单自由度气动弹性模型的风洞试验测量响应谱反演横风向风力谱方面。对于不同湍流强度、截面高宽比以及折减风速下矩形柱截面模型横风向气动力谱的变化规律，Saunders 和 Melbourne（1975）指出当折减风速小于 10 m/s 时，矩形柱截面模型的运动幅度对横风向气动输入的影响较小。Kwok（1982）研究了方形和圆形截面非直线振型横风向风荷载谱的振型修正公式，并在此基础上提出了横风向风致响应计算方法。Melbourne 和 Cheung（1988）研究了不同截面形式对高层建筑模型横风向气动力谱的影响，提出建筑角沿的修正对横风向气动力谱的影响较大。Kawai（1992）通过气动弹性试验研究了矩形模型深宽比对横风向涡激振动的影响。以上研究采用气动弹性模型，横风向气动力谱利用气弹模型响应反求力谱得到，包含横风向气动力和结构振动效应，无法将横风向气动阻尼分离出来。

高频动态天平技术和刚性模型同步测压技术的发展，为准确测量高层建筑横风向气动力提供了技术支持。Thoroddsen 等（1988）采用高频动态天平技术研究了四个不同截面高层建筑模型的三分量力矩的相关性，并指出矩形截面建筑的顺风向和横风向倾覆力矩相关性不强，但是平行四边形和三角形截面的相关性较强。Marukawa 等（1992）采用高频动态天平技术研究了高宽比（$H/\sqrt{BD}$）、深宽比（D/B）对矩形截面高层建筑模型横风向倾覆力矩谱与扭转力矩谱经验公式的影响，并给出了横风向风谱的变化规律：①当 $D/B<2$ 时，横风向倾覆力矩谱只有一个峰值，峰值频率随深宽比的增大而减小，带宽随深宽比的变化呈马鞍形变化，在 $D/B=0.67$ 时，带宽最窄；②当 $D/B>3$ 时，由于分离流的再附着，横风向倾覆力矩谱出现两个峰值；③随着 $H/\sqrt{BD}$ 增大，横风向倾覆力矩谱峰带宽变窄，低频部分变小。而横风向基底力矩系数的标准差随长宽比增大而单调增大，但是增长速度随长宽比逐渐减小（袁家辉等，2023）。Kareem 利用使用高频动态天平技术得到的实验结果建立了交互式 UND 风洞实验数据库（Zhou et al., 2003）。全涌（2002）利用高频天平试验研究了不同高宽比、不同深宽比、不同风速、不同角沿修正的高层建筑模型，并采用随机减量法对横风向气动阻尼进行了研究，拟合出矩形模型横风向风荷载谱的解析计算公式及角沿修正公式。高频天平风洞试验简单实用，并能准确测量结构基底剪力和弯矩，其缺点在于无法获得气动力的空间分布特征。

除高频动态天平技术外，随着测量设备的进步，多点同步瞬态测压技术得到了快速发展。刚性模型同步测压试验技术通过在模型表面布设大量同步测压的测点得到横风向风荷载的分布情况。Kareem（1982，1990）认为脉动风符合平稳随机过程的假定，并采取重复采样的方法，通过对表面测压数据积分的方法确定了风压脉动的局部特征。Islam等（1990）采用测压试验技术研究了方形截面高层建筑顺风向、横风向、扭转向的气动力谱，且在计算结构响应时考虑了3个气动力分量间的相关性。叶丰（2004）以及顾明和叶丰（2006）研究了10个典型截面尺寸的高层建筑模型，并对模拟风场中的刚性模型表面进行了积分，研究了风压的空间相关性、紊流度、深宽比、高宽比等对横风向风荷载的影响，将横风向激励分为紊流激励和涡激力激励，指出旋涡脱落是横风向风荷载产生的主要原因，而窄带宽峰谱对旋涡脱落的拟合具有足够的精度，根据风洞试验结果拟合出涡激力功率谱表达式。唐意等（2010）将横风向风荷载谱分解为紊流、旋涡脱落两大部分，并以风场类型及深宽比为基本变量，对横风向风荷载谱进行了拟合。有研究表明：随着湍流强度的增大，横风向层脉动风力功率谱的峰值和斯托罗哈数呈减小趋势（严佳慧等，2023）。

已有研究表明高层建筑横风向响应可能大于顺风向响应，横风向振动的形成机理和作用机制较复杂，横风向结构风振效应成为建筑抗风研究者关注的重要问题之一。目前一些学者在风洞试验的基础上，依靠随机振动理论提出了简化的横风向响应经验公式（Kareem，1984；Kwok and Melbourne，1981；Islam et al.，1990；Solari，1989；Piccardo and Solari，1998）。全涌和顾明（2006）采用气弹模型对高层建筑横风向振动响应进行了研究，考虑了矩形截面横风向气动阻尼和折减风速的关系，采用MGLF方法给出了圆形和矩形截面高层建筑横风向风振等效荷载和横风向风振加速度的计算公式，这也是我国现行的《建筑结构荷载规范》（GB 50009—2012）推荐的方法。

综上所述，对横风向风荷载及风致结构振动的研究大致可归纳为以下几点：①横风向风荷载由尾流中旋涡的脱落、横风向紊流、附加气动力组成，前两者起主导作用；②影响横风向风力谱的主要因素是建筑深宽比、风场紊流强度，建筑长细比的影响相对较小。当增大风场的紊流强度时，横风向风荷载谱的峰值降低，频带变宽；当增大建筑深宽比时，旋涡周期性脱落减弱，频带变宽。

1.3.3 扭转向风荷载及风振响应研究

扭转向风荷载是由建筑表面的风压分布不对称引起的，加上高层建筑刚度中心与质量中心不重合，扭转效应较为明显。与顺风向和横风向风致响应相比，由于早期高层建筑截面单一，扭转向风致响应相对较小，同时受早期测量技术的限制，获取结构扭转向测试数据较为困难，因而对扭转向气动力的研究相对较少。

20世纪80年代以来，国内外学者对不同建筑的扭转向风荷载进行了试验和理论研究。Solari（1986）指出扭转向风荷载是来流的横风向紊流与旋涡脱落共同作用的结果。扭转向风荷载不仅反映了顺风向、横风向风荷载的大小，而且还兼具顺风向、横风向风谱的变化规律。Kanda 和 Choi（1992）对几种典型截面高层建筑的扭转分量进行了研究，指出矩形截面高层建筑模型的扭转向风谱具有两个峰值，而三角形、棱形截面的高层建筑只有单一谱峰，且扭转向风荷载与横风向风荷载具有很强的相关性，但扭转向风谱有自身的特殊性，即旋涡脱落频率附近和高频部分出现双峰值。Tamura 等（1996）指出扭转向风荷载的产生与建筑物的外形及截面尺寸有着密切的关系：当 $1 \leqslant D/B \leqslant 4$ 时，扭转向风荷载是由尾流与气流分离区再附着所引起的横向不对称的表面风压力；当 $D/B<1$ 时，扭转向风荷载由湍流脉动成分和横风向涡脱现象引起。Liang 等（2004）研究了矩形截面高层建筑模型根方差扭矩系数和斯托哈罗数随深宽比的变化规律，并拟合出扭矩谱的经验公式。唐意等（2007b）给出了扭转向风谱随深厚比的变化规律：①当 $D/B<1$ 时，折算频率 fB/U_H 在斯托哈罗数附近出现窄带宽的谱峰值，其作用的机理主要是尾流区旋涡规律性地脱落所致；②当 $D/B=1$ 时，窄带宽谱峰消失，取而代之的是宽带的双谱峰值，主要由气流分离和在建筑侧面的重附着所引起的不平衡力所致；③当 $1<D/B<3$ 时，低频段谱峰带宽逐渐增加，高频段谱峰带宽不断减小，谱峰值相互接近，说明侧面尾流区旋涡的规律性脱落减弱，气流重附着的现象明显。此外，当 $D/B \geqslant 3$ 时，仅有一个宽带宽的谱峰，气流为周期性再附着型，当 D/B 的值继续增大时，气流开始不断向定常再附着型转变，尾流区旋涡脱落被抑制，横风向基底力矩系数标准差的增长速度减小（袁家辉等，2023）。

除扭转向风荷载谱外，结构偏心、邻近建筑的干扰也是影响扭转向风荷载的重要因素。Foutch 和 Safak（1981）指出当偏心率达到 0.1 时，扭转效应已经较为明显。余先锋等（2015）研究了不同位置、不同截面宽度、不同高度施扰建筑对受扰建筑基底峰值扭矩响应的干扰，研究结果表明：未发生涡激共振时，峰值扭矩干扰因子包络值达到 1.9；发生涡激共振时，峰值扭矩干扰因子包络值达到 2.98。总体来说，邻近建筑的干扰效应、结构的偏心效应都会增强扭转效应（McNamara and Huang，2000）。另外，研究发现无偏风场下的扭转建筑和偏转风场下的非扭转建筑除了在横风向上的平均基底弯矩系数有一定差异，在顺风向和扭转向上基本可以等效（贺斌等，2023）。因此，高层建筑设计中通常将简化的荷载施加在结构等效质点上，这种简化在一定程度上忽略了扭转风荷载对结构的作用，低估了不均匀或不对称截面、质心与刚心有偏心距等因素对结构响应放大的影响（唐意等，2007a）。Kareem（1985）认为扭转响应对结构的整体响应贡献较大，侧向振动和扭转振动的耦合效应会加大结构的振动响应。梁枢果（1998）指出结构振型耦合是扭转风振响应增大的主要原因。Beneke 和 Kwok（1993）对几种典型高层建筑模型的扭转响应进行了研究，发现三角形高层建筑的扭转响应远远超过矩形、棱形及 D 形截面高层建筑的响应；在特定的风向角和折减频率下，通过分析矩形截面和三角形截面高层建筑的扭转谱，可以发现尾流激励和再附着所引起的扭矩较为明显。Katsumura 等（2001）通过气弹模型研究了 $D/B \geqslant 2$ 时扭转振动下涡激自振和扭转颤振出现的条件，指出扭转振动下需要考虑气弹失稳。Thepmongkorn 和 Kwok（2002）的研究结果表明：迎风面角部的气流分离和分离剪切层的气流再附着所引起的周期性扭矩，明显增强了风致振动中的扭转响应。

结构扭转振动响应计算是高层结构抗风研究者关注的又一重点。Kareem（1981b）通过随机振动理论和风谱技术，推导了计算矩形断面高层结构基底扭矩谱的方法。日本相关规范（AIJ，2015）首次写入了扭转等效静力风荷载及扭转向加速度的计算公式。我国的《建筑结构荷载规范》（GB 50009—2012）规定了横风向和扭转风振等效风荷载的计算方法，但仅适用于矩形截面高层建筑，且未给出扭转加速度的计算方法。当建筑迎风面较宽、结构不对称、结构的扭转自振频率接近平动自振频率时，建筑物的风振扭转角加速度响应值急剧地增大（Kwok and Melbourne，1981；Vickery and Basu，1983）。此外，在偏转风场下，矩形超高层建筑表面的平均风压分布发生了显著改变，风压分布不再对称，其对建筑扭矩的影响不可忽视（闫渤文等，2024）。我国荷载规范指出：当质心与刚心的偏心率大于 0.2 时，高层建筑的弯扭耦合风振效应显著，风致扭矩与横风向风力具有很强的相关性（张磊等，2023），弯扭耦合作用容易导致产生不稳定的气弹现象。

综上所述，建筑物截面的形状对扭转向风荷载的影响较大，建筑深宽比是影响扭矩谱峰分布的重要因素。高层建筑的扭转振动不仅会改变结构顺风向和横风向平动状态下的内力分布，还会改变建筑周边与围护结构的受力关系，加大建筑角部位置的位移和扭转向加速度。因此，研究高层建筑在强风下的扭转振动对研究结构及围护的安全性和居住的舒适度具有重要的理论价值和意义。

1.3.4　高层建筑气动阻尼研究

气弹效应在高层建筑风致振动中起着重要的作用。当气动阻尼为负值时，气动力与诱导运动之间的相互作用会导致结构的振动效应进一步增强。因此，高层建筑风致振动研究通常基于气动阻尼来考虑气弹效应。早期研究者（Vickery and Steckley，1993；Marukawa et al.，1996；Watanabe et al.，1997）通过风洞试验的气弹模型技术研究方形或矩形截面高层建筑的气弹效应，并利用大量的实测数据拟合气动阻尼经验公式。随着风洞试验高频动态天平技术的发展以及随机减量法的应用，国内外学者开始研究高层建筑顺风向和横风向气动阻尼。Gabbai 和 Simiu（2009）提出顺风向气动阻尼计算方法，但需要通过一个迭代程序进行估算，且受限于非定常表面风压测量的准确性。Cao 等（2012）对 37 个独立的矩形截面高层建筑模型进行了风洞试验气动模型研究，分别考虑了质量密度比、折算速度、结构阻尼比和高宽比等影响因素，并拟合出顺风向气动阻尼经验公式。Cheng 等（2002）研究了方形截面高层建筑的横风向响应和气动阻尼，并在气动力平稳、非平稳及发散的物理条件下分别提出不同的经验模型。Chen（2013）所提出的横风向气动阻尼经验公式为随时间变化的速度或位移多项式函数，考虑了风场与建筑之间所存在的非线性气动耦合效应。此外，唐龙飞等（2022）指出基于频域分析所得到的涡激共振临界风速小于由气动阻尼比或极值加速度确定的涡激共振临界风速，所反映的涡激共振特性具有滞后性，将导致结构不安全。当风速达到临界值时，扭转向气动阻尼迅速下降，产生负气动阻尼（施天翼等，2020）。

1.4 高层建筑表面风压场重构研究

风对建筑的作用是指通过建筑外围护结构所受到的脉动风压，以合力的形式使结构发生顺风向抖振、横风向驰振、涡脱共振、扭转发散振动等，这些振动不仅会影响结构的内力，而且会导致结构产生动力失稳现象。而建筑风致振动研究是在假定建筑外围护完好无损的前提下进行的，但强风下建筑外围护损坏每年都会发生。建筑外围护损坏会瞬间改变表面风压的分布形式，不仅会影响结构的安全性，而且会对人的生命和财产安全产生重大影响。

为便于研究，通常假设风荷载基于平稳高斯随机过程作用到建筑结构上，对于符合拟定常假设的高层建筑，满足中心极限定理的条件。当建筑表面处在旋涡区域且风压场的空间相关性很强时，中心极限定理的前提条件不能得到满足，风压信号会表现出非高斯特性（Gurley and Kareem，1997）。特别是在建筑物的边缘和角点，这种现象更为明显。与高斯分布相比，呈非高斯分布的风压出现强吸力的概率更大，这种大幅值的脉动风压往往是导致局部围护构件损坏的主要因素。如果仍然采用高斯模型进行处理，往往会得到更大的误差（Ko et al.，2005）。

近20年，国内外学者提出了不同的风场重构方法，并成功运用于结构抗风设计（Han and Li，2009；Wang et al.，2008；Bobby et al.，2014；Zhao et al.，2016）。建筑风压预测研究的研究方向大体上可分为两类：①基于人工神经网络模型的建筑表面风压分布特性预测（Fu et al.，2006，2007），该模型的不足之处在于需要依靠大量的样本数据；②本征正交分解（POD）技术，Armitt（1968）将其引入风工程领域以解决湍流与风相关的问题（Berkooz et al.，1993；Motlagh and Taghizadeh，2016；Borée，2003）。此外，国外学者研究了POD技术在方形截面的棱柱体（Kareem and Cermak，1984）、低矮房屋屋面（Holmes，1990；Bienkiewicz et al.，1995）、高层建筑的风致响应（Tamura et al.，1999）以及单层网格穹顶的风致振动（Cammelli et al.，2016）等表面风场重构方面的应用。国内学者则采用POD技术重构了低矮双坡屋面表面风压，指出仅使用相关矩阵的第一阶本征模态即可很好地重建屋盖的平均风压场（李方慧等，2005）。POD技术在本质上是一种时空分离技术，并且在其他随机振动领域展示了在解决问题方面的高效性（Kikuchi et al.，1997）。因此，测量得到的脉动风压场的协方差矩阵可以分解为与空间有关的本征模态和与时间有关的主坐标。拓展的脉动风压场空间分布可由空间模态坐标插值得到，再结合分离出的与时间相关的主坐标矩阵，即可得到重构的风压场（Moehle，1992）。

通常，本征模态的空间插值法可分为确定性方法和地质统计方法。确定性方法要求不同测点的信息相似且表面平滑，反距离插值（inverse distance interpolation，IDW）法、双立方插值法和样条插值法均是确定性方法，已在国内的一些工程中成功得到运用。例如，IDW法已用于圆形屋顶脉动风压场的重构（姚博等，2016），该方法适合用于测压孔均匀分布的情况，且对极值比较敏感；双立方插值法曾用于双坡屋面的风压测量，使用该方法时，限于低通滤波的性质，高频部分容易损失（李杰，2017；Li et al.，2012）；样条插值法曾用于柱面网格结构（Bobby et al.，2014），该方法不依赖数据统计模型，适合用于规则插值的区域，且计算量较大。对于一些气流严重分离的区域（如屋檐、屋脊等），通过插值法重构的风场精度难以得到保证。宣颖和谢壮宁（2019）提出应建立基于阵风风压的屋面极值风压系数描述法，重点关注屋面常出现高负压的边角区域（尤其是角区），研究风场湍流特征和屋面局部几何特征对这些部位的高负压分布的影响。因此，重构气流严重分离的表面风场时，采用地质统计模型优势更为明显。

地质统计空间插值法中常用的是克里金插值法，通常被认为基于局部最优线性无偏估计。目前应用克里金插值法的有台风下低矮房屋的脉动风压场预测（Priestley et al.，2007），定日镜表面风场预测（Moehle，1992）以及大跨度屋面风场预测（Paulotto et al.，2004）等，研究结果表明，在样本数据较少且测点不规则分布的情况下，该方法的预测精度优于其他方法，但是受限于变异函数模型的选择。

在结构风工程领域，有关克里金插值法的变异函数模型的研究成果较少，常借鉴地质学或气象学中的经验模型。当气流流经建筑表面时，其流动特性及分布规律在很大程度上取决于建筑表面造型及涡团在建筑表面的输送效应，具有高度的随机性。因此，传统的变异函数模型难以保证外推插值精度。而冯·卡门相关函数起源于风场的统计特性（von Kármán，1948），且在地质统计模型（Li et al.，2021；Müller et al.，2008）和连续地震破裂模型（Guatteri et al.，2004）中成功得以运用，故本书借助该相关函数解决上述问题。冯·卡门相关函数中有四个物理参数在插值前需要确定，即湍流积分尺度、赫斯特指数、邻居点数量及各项异性系数，其中赫斯特指数较难确定，该参数常用作随机过程的分形尺度来描述实验序列的特征，可采用重标极差分析法（R/S）求解（Mandelbort and Wallis，1969；Aue et al.，2007；Mason，2016）。而脉动风压场本质上也是一个随机过程，求解赫斯特指数即是求解脉动风压场的分形尺度。

综上所述，对高层建筑表面风压场重构的研究成果大致可归纳为以下几点：①建筑表面边缘容易发生风毁的原因是该部位的脉动风压呈非高斯分布，且存在大幅度的脉冲效应；②本征正交分解-克里金法仍是目前解决建筑表面风压场重构问题过程中效率较高、精度较高的方法；③受限于测点的布置和缩尺模型，建筑表面边缘部位的脉动风压测量应关注外推插值法的准确性。

1.5　研究内容与思路

学者们对高层建筑顺风向、横风向、扭转向风荷载和建筑表面风压场重构进行了诸多研究，这为本书的研究奠定了基础。本书主要系统地研究顺风向、横风向、扭转向脉动风荷载时程模拟方法和时域内结构风振响应，以及高层建筑表面边缘风场外推重构方法，研究内容主要分为以下几个方面。

（1）顺风向脉动风速数值模拟与结构振动响应研究。在时域内求解顺风向结构风致振动时，首先需要模拟出满足脉动风速谱和空间相干函数的顺风向脉动风荷载，本书分别采用达文波特、卡曼、冯·卡门提出的顺风向风速谱和谐波合成法模拟出沿楼层高度分布的顺风向脉动风荷载。同时对典型矩形高层建筑进行风振时程分析，并将顺风向加速度与我国荷载规范和美国圣母大学（UND）空气动力数据库中的进行比较，以验证模拟的准确性。在此基础上，进一步研究考虑顺风向气动阻尼比时的顺风向结构响应规律。

（2）横风向脉动风激励数值模拟与风致振动响应研究。在时域内求解横风向脉动风作用下的结构响应规律时，本书提出了一种改进的矩形高层建筑横风向脉动激励模拟方法。首先，将沿建筑高度分布的横风向加速度谱和楼层质量转化为沿楼层高度分布的横风向惯性力谱，并结合横风向风力谱竖向相干函数，模拟出沿建筑高度分布的横风向脉动风力时间序列。其次，通过对典型矩形高层建筑进行风振时程分析，研究结构模态阶数对加速度的影响。在此基础上，研究结构增加黏滞阻尼器和考虑横风向气动阻尼效应时的结构横风向振动响应规律。

（3）扭转向脉动风激励数值模拟研究。为研究在扭转向脉动扭矩作用下结构在时域内的响应规律，本书提出了一种矩形高层建筑脉动扭矩模拟方法。根据达朗贝尔原理，本书将建筑层间转动惯量和扭转角加速度谱转化成层间扭矩功率谱，并结合扭矩竖向相干函数，推导出扭矩互谱密度函数，模拟出沿楼层高度分布的脉动扭矩时程。同时通过对典型矩形高层建筑进行风振时程分析，研究扭转向结构振动响应规律。

（4）高层建筑表面脉动风压场的外推插值重构。通常研究建筑表面脉动风压场重构时采用内插法，但研究建筑迎风面边缘和拐角处风压场时需采用外推插值重构的方法。本书提出了一种改进的本征正交分解-克里金法，将冯·卡门函数作为克里金法的变异模型，根据已有的实测数据分析得到冯·卡门模型的风场先验参数，采用重标极差分析法（R/S）获取可反映风场特征的赫斯特指数。同时，借助日本东京工业大学空气动力数据库提供的典型高层建筑脉动风压系数数据，研究了改进的方法与三次样条插值法、克里金其他变异函数模型在计算结果方面的差异，验证了本书提出的方法对建筑边缘区域风压场的外推重构计算精度。

第 2 章

高层建筑顺风向脉动风荷载模拟与时程分析

脉动风荷载本质上是一种随机过程，分析风致结构振动的方法主要有两大类：频域法和时域法。频域法根据脉动风场的频谱特征、表征结构系统信息的频响函数，直接获取结构响应的统计数据，也称为响应谱法。频域法只能对结构进行线性分析，当考虑一定的非线性行为时，该方法不再适用。而时域法不仅能解决结构的非线性问题，还可能准确分析风致振动的结构耦合响应。在时域内研究高层建筑结构的风振响应时，首先应确定脉动风速时间序列。常用的方法有两种：①风洞试验——依靠风洞试验测量得到建筑表面各测点的风压系数时程数据，并对建筑表面的数据进行积分，然后转化成顺风向脉动激励；②数值模拟法——在准定常假设下，依据随机振动理论将典型的目标风速谱转化为脉动风速时间序列。由于数值模拟法所得到的脉动风速时间序列可满足脉动风统计特性，因此在结构风工程中被广泛应用。

2.1 高层建筑风致振动基本理论

传统的高层建筑结构抗风研究主要依赖于结构自身的抗风性能，通过结构的刚度和阻尼来抵御外部风荷载。然而在强风作用下，仅依靠结构本身来抗风，往往难以保证建筑物的居住舒适性和安全性。因此，为了有效降低风振响应、提升抗风性能，近年来，合理设置减振控制装置成为与结构共同抵御风荷载的重要手段。优化结构与减振装置的协同作用，减小结构的风致振动，已逐渐成为高层建筑抗风设计研究的热点之一。常用的减振控制装置有被动控制装置和主动控制装置，其中被动控制装置主要有黏滞阻尼器、黏弹性阻尼器、调频质量阻尼器、调频液体阻尼器等，控制装置随结构本身的运动产生对主体结构的控制力，控制力的大小与控制装置的参数、结构层间位移和层速度有关，需要合理地选择控制装置的参数，使产生的被动控制力满足结构风致振动响应要求。而主动控制装置的控制力由外部施加，应有效地选择控制力施加规律，以满足结构风振响应要求。阻尼器通常可分为位移相关型阻尼器和速度相关型阻尼器，位移相关型阻尼器在风振控制中应用得较少。因此，本章主要研究速度相关型阻尼器的风致振动响应。

对于高层建筑的风致振动，通常有以下要求：①高层建筑风振响应结构处于线弹性范围内；②风振响应以结构在某一方向上的第一振型的振动为主，高柔结构可能需要考虑该方向上的前三阶振型。

2.1.1 高层建筑风振控制时域分析

高层结构风振控制的基本原理是通过结构控制装置产生的控制力，达到减少和抑制结构风致振动的目的。风荷载作用下设置速度相关型阻尼器的高层建筑风振控制运动方程可表示为（周云，2009）：

$$[M]\{\ddot{u}\}+[C]\{\dot{u}\}+[K]\{u\}+[H]\{P(u,\dot{u})\}=\{F(t)\} \quad (2.1)$$

式中，$[M]$、$[C]$、$[K]$ 分别表示结构质量矩阵、阻尼矩阵和刚度矩阵；$\{\ddot{u}\}$、$\{\dot{u}\}$、$\{u\}$ 分别表示结构位移矩阵、速度矩阵和加速度矩阵；$\{F(t)\}$ 为结构的动力风荷载矩阵；t 为风荷载的时间序列；$[H]\{P(u,\dot{u})\}$ 为速度相关型阻尼器附加在结构上的控制力向量。

$$[H]\{P(u,\dot{u})\} = [T]\{c_{eq}\dot{u} + k_{eq}u\}$$

$$= \begin{bmatrix} S_1 & -S_2 & 0 & \cdots & 0 & 0 \\ 0 & S_2 & -S_3 & \cdots & 0 & 0 \\ 0 & 0 & S_3 & \cdots & 0 & 0 \\ \vdots & \vdots & \vdots & & \vdots & \vdots \\ 0 & 0 & 0 & \cdots & S_{n-1} & -S_n \\ 0 & 0 & 0 & \cdots & 0 & S_n \end{bmatrix} \begin{bmatrix} 1 & 0 & 0 & \cdots & 0 & 0 \\ -1 & 1 & 0 & \cdots & 0 & 0 \\ 0 & -1 & 1 & \cdots & 0 & 0 \\ \vdots & \vdots & \vdots & & \vdots & \vdots \\ 0 & 0 & 0 & \cdots & 1 & 0 \\ 0 & 0 & 0 & \cdots & -1 & 1 \end{bmatrix} = \begin{bmatrix} c_{eq}\dot{u}_1 + k_{eq}u_1 \\ c_{eq}\dot{u}_2 + k_{eq}u_2 \\ c_{eq}\dot{u}_3 + k_{eq}u_3 \\ \vdots \\ c_{eq}\dot{u}_{n-1} + k_{eq}u_{n-1} \\ c_{eq}\dot{u}_n + k_{eq}u_n \end{bmatrix}$$

(2.2)

式中，$[T]$ 为速度相关型阻尼器在结构中的位置和数量；$S_i(i=1,2,\cdots,n)$ 为结构的第 i 层设置的阻尼器数量；c_{eq} 为黏滞阻尼器的阻尼系数；当结构中布置的阻尼器为黏滞阻尼器时，阻尼器的刚度系数 k_{eq} 可取 0。

将式（2.2）代入式（2.1），可得到

$$[M]\{\ddot{u}\} + [C_s + Tc_{eq}]\{\dot{u}\} + [K_s + Tk_{eq}]\{u\} = \{F(t)\} \tag{2.3}$$

式中，C_s 为结构的阻尼矩阵，K_s 为结构的刚度矩阵。

令 $[C'] = [C_s + Tc_{eq}]$，$[K'] = [K_s + Tk_{eq}]$，则式（2.3）可写为

$$[M]\{\ddot{u}\} + [C']\{\dot{u}\} + [K']\{u\} = \{F(t)\} \tag{2.4}$$

风荷载作用下结构的减振结构动力响应分析方法主要有 Newmark-β 法、Wilson-θ 法等。Newmark 提出了时间步长法，可表示为（乔普拉，2007）：

$$\begin{cases} \{\dot{u}_{t+\Delta t}\} = \{\dot{u}_t\} + [(1-\gamma)\Delta t]\{\ddot{u}_t\} + (\gamma\Delta t)\{\ddot{u}_{t+\Delta t}\} \\ \{u_{t+\Delta t}\} = \{u_t\} + \Delta t\{\dot{u}_t\} + [(0.5-\beta)\Delta t^2]\{\ddot{u}_t\} + (\beta\Delta t^2)\{\ddot{u}_{t+\Delta t}\} \end{cases} \tag{2.5}$$

式中，β 和 γ 是 Newmark-β 法在精度和稳定性方面的重要参数，反映了在一个时间步长内加速度的变化。

$$\begin{cases} \{\ddot{u}_{t+\Delta t}\} = \dfrac{1}{\beta\Delta t^2}(\{u_{t+\Delta t}\} - \{u_t\}) - \dfrac{1}{\beta\Delta t}\{\dot{u}_t\} + \left(1 - \dfrac{1}{2\beta}\right)\{\ddot{u}_t\} \\ \{\dot{u}_{t+\Delta t}\} = \dfrac{\gamma}{\beta\Delta t}(\{u_{t+\Delta t}\} - \{u_t\}) + \left(1 - \dfrac{\gamma}{\beta}\right)\{\dot{u}_t\} + \left(1 - \dfrac{\gamma}{2\beta}\right)\{\ddot{u}_t\}\Delta t \end{cases} \tag{2.6}$$

将式（2.6）代入式（2.4），可得到 $t + \Delta t$ 时刻的运动方程：

$$\begin{aligned} &\left(\dfrac{1}{\beta\Delta t^2}[M] + \dfrac{\gamma}{\beta\Delta t}[C'] + [K'_{t+\Delta t}]\right)\{u_{t+\Delta t}\} \\ &= \{F_{t+\Delta t}\} + \left(\dfrac{1}{\beta\Delta t^2}[M] + \dfrac{\gamma}{\beta\Delta t}[C']\right)\{u_t\} + \left[\dfrac{1}{\beta\Delta t}[M] + \left(\dfrac{\gamma}{\beta} - 1\right)[C']\right]\{\dot{u}_t\} \\ &\quad - \left[\left(1 - \dfrac{1}{2\beta}\right)[M] + \left(1 - \dfrac{\gamma}{2\beta}\right)\Delta t \cdot [C']\right]\{\ddot{u}_t\} \end{aligned} \tag{2.7}$$

将式（2.7）所求出的 $\{u_{t+\Delta t}\}$ 代入式（2.6）可得到 $\{\ddot{u}_{t+\Delta t}\}$ 和 $\{\dot{u}_{t+\Delta t}\}$，经过不断的循环迭代，达到方程敛散条件后，即可得到结构的时程动力响应。

但是 Newmark-β 法是有稳定条件的，应满足

$$\frac{\Delta t}{T_n} \leq \frac{1}{\sqrt{2}\pi} \frac{1}{\sqrt{\gamma - 2\beta}} \quad (2.8)$$

式中，当 $\gamma = 1/2$、$\beta = 1/4$ 时，Newmark-β 法即为平均加速度法，稳定条件为 $\Delta t/T_n < \infty$，时间间隔 Δt 的取值与稳定性无关，但是时间步长越小，计算精度越高。当 $\gamma = 1/2$、$\beta = 1/6$ 时，Newmark-β 法即为线性加速度法，稳定条件为 $\Delta t/T_n < 0.551$（周云，2009）。

2.1.2 高层建筑风振控制强行解耦法

黏滞阻尼器的位置与数量在结构设计过程中需要不断优化。进行风振控制计算时，首先应确定方程右端的外加脉动风荷载，其次应确定设置黏滞阻尼器后结构总的等效阻尼比。因此，需要对式（2.4）进行强制解耦，以确定等效阻尼比和方程解耦后的脉动风荷载。

通常高层建筑属于一维悬臂结构，质量和刚度沿高度方向均匀分布。根据振型分解法，任意高度 z 处的水平运动位移 $u_d(z,t)$ 可表示为

$$u_d(z,t) = \sum_{j=1}^{\infty} u_{dj}(z,t) = \sum_{j=1}^{\infty} \phi_j(z) q_j(t) \quad (2.9)$$

式中，$u_{dj}(z,t)$ 为第 j 阶振型的运动位移；$\phi_j(z)$ 为第 j 阶振型系数；$q_j(t)$ 为第 j 阶振型的振型坐标。

根据高层建筑刚性板假定原理，每层位移可以分为三个分量，即沿 X 轴、Y 轴的平动位移和绕 Z 轴转动的角位移。因此，可由普通结构的质量矩阵 $[M]$ 和刚度矩阵 $[K]$ 求出频率向量 $[\omega]$ 和模态振型系数 $[\phi]$：

$$[\omega] = \{\omega_1, \omega_2, \cdots, \omega_n\} \quad (2.10)$$

$$\phi_j(z) = \left(\phi_{xj}(z), \phi_{yj}(z), \phi_{\theta j}(z)\right)' \quad (2.11)$$

对于普通结构，假设振型 $\phi_j(z)$ 对质量分布和刚度分布正交，即

$$\{\phi_j^T\}[C_s]\{\phi_j\} = \begin{bmatrix} C_{sj}^* & (i = j) \\ 0 & (i \neq j) \end{bmatrix} \quad (2.12)$$

黏滞阻尼器的阻尼矩阵 $[C_d] = [Tc_{eq}]$ 通常不满足振型正交条件，但研究表明，忽略非正交项不会产生太大的误差（欧进萍等，1998），于是可忽略黏滞阻尼矩阵的非正交项，即满足

$$\{\phi_j^T\}[C_d]\{\phi_j\} = \begin{bmatrix} C_{dj}^* & (i = j) \\ 0 & (i \neq j) \end{bmatrix} \quad (2.13)$$

因此，高层结构第 j 阶振型的广义坐标运动方程可写为

$$\ddot{q}_j(t) + 2(\zeta_{sj} + \zeta_{dj})\omega_j \dot{q}_j(t) + \omega_j^2 q_j(t) = F_j(t) = \frac{1}{m_j}\int_0^H f(z,t)\phi_j(z)\mathrm{d}z \qquad (2.14)$$

式中，ζ_{sj} 和 ζ_{dj} 分别为第 j 阶振型对应的结构阻尼比和阻尼器附加在结构上的第 j 阶振型阻尼比。

$$\zeta_{sj} = \frac{1}{2\omega_j m_j}\{\phi_j^T\}[C_s]\{\phi_j\} \qquad (2.15)$$

$$\zeta_{dj} = \frac{1}{2\omega_j m_j}\{\phi_j^T\}[C_d]\{\phi_j\} \qquad (2.16)$$

式中，ω_j 为结构第 j 阶模态下的自振角频率。

对于黏弹性阻尼器的结构，假设附加阻尼矩阵 $[C_d]$ 与附加刚度矩阵 $[K_d]$ 存在如下关系：

$$[C_d] = \frac{\eta}{\omega}[K_d] \qquad (2.17)$$

式中，η 为黏弹性阻尼器材料的损耗因子。因此，黏弹性阻尼器的附加阻尼比可表示为

$$\zeta_{dj} = \frac{1}{2\omega_j m_j}\frac{\eta}{\omega}\{\phi_j^T\}[K_d]\{\phi_j\} \qquad (2.18)$$

第 j 阶振型的角频率 $\omega = \omega_j$，可表示为

$$\omega_j^2 = K'_j/m_j \qquad (2.19)$$

式中，第 j 阶振型的广义刚度 $K'_j = \{\phi_j^T\}(K_s + K_d)\{\phi_j\}$。因此，式（2.18）又可表示为

$$\zeta_{dj} = \frac{\eta}{2}\frac{\{\phi_j^T\}[K_d]\{\phi_j\}}{\{\phi_j^T\}([K_s]+[K_d])\{\phi_j\}} \qquad (2.20)$$

单位高度气动荷载 $f(z,t) = (f_x, f_y, f_T)$。

m_j 表示第 j 阶模态下的广义质量，可表示为

$$m_j = \int_0^H \left[m(z)\phi_{xj}^2(z) + m(z)\phi_{yj}^2(z) + I(z)\phi_{\theta j}^2(z)\right]\mathrm{d}z = m_{jx} + m_{jy} + m_{j\theta} \qquad (2.21)$$

式中，$m(z)$ 为建筑高度 z 处单位高度的质量；$I(z)$ 为绕 z 轴旋转的单位高度质量惯性矩。

对于大多数高层建筑，可假设结构前 3 阶模态呈线性。因此，式（2.11）可写为

$$\phi_j(z) = \frac{z}{H}(C_{xj}, C_{yj}, C_{\theta j})' \qquad (2.22)$$

式中，C_{xj}、C_{yj} 和 $C_{\theta j}$ 分别表示第 j 阶模态下沿 X 轴、Y 轴平动和绕 Z 轴转动的影响因子。因此，式（2.14）右端可表示为

$$F_j(t) = \frac{1}{m_j}\int_0^H f(z,t)\phi_j(z)\mathrm{d}z = \frac{1}{H}\left[C_{xj}M_y(t) + C_{yj}M_x(t) + C_{\theta j}M_T(t)\right] \qquad (2.23)$$

式中，$M_x(t)$ 为绕 Y 轴的基底气动倾覆力矩；$M_y(t)$ 为绕 X 轴的基底气动倾覆力矩；$M_T(t)$ 为绕 Z 轴的基底气动扭矩。

由维纳-辛钦定理可知,第 j 阶模态和第 k 阶模态下的广义互谱密度可表示为

$$S_{F_jF_k}(n) = \int_{-\infty}^{\infty} R_{F_jF_k}(x,x',z,z',\tau) \mathrm{d}\tau \mathrm{e}^{-\mathrm{i}2\pi n\tau} \mathrm{d}\tau = \int_{-\infty}^{\infty} \langle F_j(t)F_k(t+\tau)\rangle \mathrm{e}^{-\mathrm{i}2\pi n\tau} \mathrm{d}\tau \quad (2.24)$$

式中,$F_j(t)$ 和 $F_k(t)$ 为平稳各态历经过程;$\langle\ \rangle$ 表示均值。式(2.24)可进一步写为

$$\begin{aligned}S_{F_jF_k}(n) &= \int_{-\infty}^{\infty} \left\langle \frac{\int_0^H \int_0^{B(z)} w(x,z,t)\phi_j(z)\mathrm{d}x\mathrm{d}z}{m_j} \cdot \frac{\int_0^H \int_0^{B(z')} w(x',z',t+\tau)\phi_k(z')\mathrm{d}x'\mathrm{d}z'}{m_k} \right\rangle \mathrm{e}^{-\mathrm{i}2\pi n\tau} \mathrm{d}\tau \\ &= \int_0^H \int_0^{B(z)} \int_0^H \int_0^{B(z')} \phi_j(z)\phi_k(z') \frac{\left[\int_{-\infty}^{\infty} \langle w(x,z,t)w(x',z',t+\tau)\rangle \mathrm{e}^{-\mathrm{i}2\pi n\tau} \mathrm{d}\tau\right]}{m_j m_k} \mathrm{d}x\mathrm{d}x'\mathrm{d}z\mathrm{d}z' \\ &= \frac{1}{m_j m_k} \int_0^H \int_0^{B(z)} \int_0^H \int_0^{B(z')} \phi_j(z)\phi_k(z') S_w(x,x',z,z',n) \mathrm{d}x\mathrm{d}x'\mathrm{d}z\mathrm{d}z'\end{aligned} \quad (2.25)$$

式中,$S_w(x,x',z,z',n)$ 为 j 点和 k 点处脉动风压的互谱密度函数。

2.1.3 高层建筑顺风向气动阻尼

气弹效应在高层建筑风致振动中起着重要的作用。高层建筑风致振动通常基于气动阻尼来考虑气弹效应。结构总阻尼比由气动阻尼比 ζ_a、结构阻尼比 ζ_s 组成。结构阻尼比按 Kareem(1983)给出的经验公式计算:

$$\zeta_i/\zeta_1 = 1 + 0.38(f_i/f_1 - 1) \quad (2.26)$$

式中,f_i 和 ζ_i 分别表示第 i 阶自振频率和模态阻尼比。

Cao 等(2012)通过 37 个不同的风洞试验气弹模型,提出了顺风向气动阻尼的经验公式:

$$\zeta_a^{(D)} = \frac{1}{4\pi} \frac{\rho_a}{\rho_s} \frac{B}{D} \frac{V_H}{f_0\sqrt{BD}} \zeta_s^{0.14} \left(\frac{H}{B}\right)^{0.46} C_D - 0.02 \quad (2.27)$$

式中,ρ_a/ρ_s 表示质量密度比;$V_H/f_0\sqrt{BD}$ 表示折减风速;f_0 为结构的顺风向基本频率;C_D 为阻力系数。

顺风向气动阻尼恒为正值,且随着折减风速增加而呈线性增大,变化范围为 [0,0.0165]。值得注意的是,由于顺风向气动阻尼与结构阻尼叠加,整个系统的阻尼比增加。如果不考虑气动阻尼比,则会过高估计结构的顺风向振动响应。

2.1.4 高层建筑振动加速度分析方法

假定脉动风荷载作用下的结构响应 $X(z)$ 为一平稳随机过程,基于时域法得到的顺风向位移峰值响应可表示为

$$X_{\max}(z) = \bar{x}(z) + x_{\max}(z) = \bar{x}(z) + g_x \sigma_x(z) \quad (2.28)$$

则顺风向峰值加速度可表示为

$$\ddot{X}_{\max}(z) = g_{\ddot{x}}\sigma_{\ddot{x}}(z) \tag{2.29}$$

式中，$\sigma_{\ddot{x}}(z)$ 表示顺风向加速度均方根；$g_{\ddot{x}}$ 为峰值因子。

为确保得到的风振响应结果更可靠，须选取多条时程样本数据进行分析，并计算各条样本响应均方根的平均值。在获取风振响应的内力和位移时，由脉动风分量引起的响应比总响应要小，且有足够数量的样本统计，所以风振时程响应的内力和位移的均方差接近于其平均值。而在分析风振响应的加速度时，脉动风分量对加速度响应的贡献较为显著。由于风振加速度的数学期望值趋近于零，在统计风振加速度时程响应时，可以将均方差乘以峰值因子 g 来得到加速度的最大响应值。各国荷载规范关于峰值因子 g 取值差异较大，我国规范取值 2.5，国外规范取值区间为 3.0~4.0，张建胜等（2007）认为我国取值偏低。

根据我国《建筑结构荷载规范》(GB 50009—2012)中的顺风向风振加速度计算公式，对于体型和质量高度沿高度 z 均匀分布的高层建筑，有

$$a_{x,z} = 2gI_{10}w_R\mu_s\mu_z B_z\eta_a B/m \tag{2.30}$$

式中，g 为峰值因子，可取 2.5；I_{10} 为 10 m 高度处的名义湍流强度，对应 A、B、C、D 为类地面粗糙度，可分别取 0.12、0.14、0.23 和 0.39；w_R 为重现期为 R 年的风压 (kN/m²)；B 为迎风面宽度 (m)；m 为结构单位高度质量 (t/m)；μ_z 为风压高度变化系数；μ_s 为风荷载体型系数；B_z 为脉动风荷载的背景分量因子；η_a 为顺风向风振加速度的脉动系数。

我国《建筑结构荷载规范》(GB 50009—2012)规定，10 年一遇的风荷载作用下，结构顶点的顺风向和横风向振动的最大加速度应满足以下舒适度限值要求：①《高层建筑混凝土结构技术规程》(JGJ 3—2010)规定住宅、公寓限值为 0.15 m/s²，办公楼、旅馆限值为 0.25 m/s²；②《高层民用建筑钢结构技术规程》(JGJ 99—2015)规定公寓建筑限值为 0.20 m/s²，公共建筑限值为 0.28 m/s²。

2.2 顺风向脉动风数值模拟方法

2.2.1 脉动风特性

顺风向风速包括两个部分，即平均风速分量和脉动风速分量，t 时刻的风速可表示为

$$v'(z,t) = \bar{v}(x,z) + v(x,z,t) \tag{2.31}$$

式中，$\bar{v}(x,z)$ 为高度 z 处的平均风速分量 (m/s)；$v(x,z,t)$ 为高度 z 处的脉动风速分量 (m/s)。

根据建筑表面脉动风压与顺风向脉动风速之间的准定常假设，建筑表面的点 j 在 t 时刻的风压可表示为

$$\begin{aligned} W_j(x,z,t) &= \tfrac{1}{2}\mu_{si}\rho v'(x,z,t)^2 \\ &= \tfrac{1}{2}\mu_{si}\rho\left[\bar{v}_j(x,z)+v_j(x,z,t)\right]^2 \\ &= \tfrac{1}{2}\mu_{si}\rho\left[\bar{v}_j(x,z)^2+2\bar{v}_j(x,z)v_j(x,z,t)+v_j(x,z,t)^2\right] \\ &\approx \tfrac{1}{2}\mu_{si}\rho\left[\bar{v}_j(x,z)^2+2\bar{v}_j(x,z)v_j(x,z,t)\right] \\ &= \bar{w}_j(x,z)+w_j(x,z,t) \end{aligned} \quad (2.32)$$

式中，μ_{si} 为平均风压系数；ρ 为空气密度（取 1.225 kg/m³）；$v(x,z,t)^2$ 为小湍流度，相比平均风速较小，可忽略不计；$\bar{w}_j(x,z)$ 为建筑表面平均风压 (kN/m²)；$w_j(x,z,t)$ 为建筑表面脉动压力 (kN/m²)。

风荷载脉动压力方差可表示为

$$\begin{aligned} \sigma_{wj}^2(x,z) &= E\left[w_j^2(x,z)\right] \\ &= E\left\{\mu_{si}^2\rho^2\left[\bar{v}_j^2(x,z)v_j^2(x,z,t)\right]\right\} \\ &= \mu_{si}^2\rho^2\bar{v}_j^2(x,z)\sigma_{vj}^2(x,z) \end{aligned} \quad (2.33)$$

式中，σ_{wj}^2 表示脉动压力方差；σ_{vj}^2 为脉动风速方差。

当 $\tau=0$ 时，协方差与风速谱的关系可表示为

$$\sigma_{vj}^2 = R_{jj}^0(0) = \int_{-\infty}^{\infty} S_{jj}^0(\omega)\mathrm{d}\omega \quad (2.34)$$

顺风向迎风面脉动风压谱与风速谱的关系可表示为

$$\int_{-\infty}^{\infty} S_{wj}(x,z,\omega)\mathrm{d}\omega = \mu_{si}^2\rho^2\bar{v}_j^2(x,z)\int_{-\infty}^{\infty} S_{vj}(x,z,\omega)\mathrm{d}\omega \quad (2.35)$$

顺风向迎风面两点的脉动风压互谱密度函数可表示为

$$\begin{aligned} S_{wjk}(x,x',z,z',\omega) &= \int_{-\infty}^{\infty} R_{wjk}(x,x',z,z',\tau)\mathrm{e}^{-\mathrm{i}2\pi\omega\tau}\mathrm{d}\tau \\ &= \int_{-\infty}^{\infty}\langle w_j(x,z,t)w_k(x',z',t+\tau)\rangle\mathrm{e}^{-\mathrm{i}2\pi\omega\tau}\mathrm{d}\tau \\ &= \int_{-\infty}^{\infty}\langle \mu_{si}^2\rho^2\bar{v}_j(x,z)\bar{v}_k(x',z')v_j(x,z,t)v_k(x',z',t+\tau)\rangle\mathrm{e}^{-\mathrm{i}2\pi\omega\tau}\mathrm{d}\tau \\ &= \mu_{si}^2\rho^2\bar{v}_j(x,z)\bar{v}_k(x',z')\int_{-\infty}^{\infty}\langle v_j(x,z,t)v_k(x',z',t+\tau)\rangle\mathrm{e}^{-\mathrm{i}2\pi\omega\tau}\mathrm{d}\tau \\ &= \mu_{si}^2\rho^2\bar{v}_j(x,z)\bar{v}_k(x',z')S_{vjk}(x,x',z,z',n) \end{aligned} \quad (2.36)$$

脉动风速互谱密度函数 $S_{vjk}(x,x',z,z',n)$ 可由脉动风速谱密度函数 S_{vj}、S_{vk} 和相干函数 R_{xz} 确定，可表示为

$$S_{vjk}(x,x',z,z',n) = \sqrt{S_{vj}(x,z,n)S_{vk}(x',z',n)}\,\mathrm{Coh}_{xz}(x,x',z,z',n) \quad (2.37)$$

脉动风速谱可分为不沿高度变化的脉动风谱和沿高度变化的脉动风谱。不沿高度变化的脉动风速谱有达文波特谱、哈里斯谱等；沿高度变化的脉动风速谱有冯·卡门谱、卡曼谱、希缪谱、日野（Hino）谱等。该类谱考虑了近地表层中湍流积分尺度随高度发生的变化。本书选取具有代表性的达文波特谱、冯·卡门谱、卡曼谱进行分析。

（1）达文波特谱。我国荷载规范采用达文波特脉动风速谱，达文波特对不同地点、

不同离地高度的强风进行了 90 多次实测，认为湍流积分尺度不沿高度变化，不能反映风谱随高度的变化。达文波特脉动风速谱的表达式为

$$S_v(\omega) = \frac{2k\overline{v}_{10}^2 x^2}{\omega(1+x^2)^{4/3}}, \qquad x = \frac{600\omega}{\pi \overline{v}_{10}} \tag{2.38}$$

式中，ω 为脉动风角频率 (rad/s)；k 为地面摩擦速度系数 $\kappa = 0.002152 \times 35^{3.6(\alpha-0.16)}$；$\alpha$ 为地面粗糙度指数，依据我国规范规定可分为 A、B、C、D 四类并分别取值 0.12、0.16、0.22、0.30，相应的地面粗糙度系数 κ 分别取值 0.00129、0.00215、0.00464 和 0.01291；$\overline{v}_{10}$ 为 10 m 高度处的平均风速 (m/s)。

（2）冯·卡门谱。1948 年冯·卡门在相关理论和风洞试验的基础上，首次提出沿高度变化的脉动风速谱，即冯·卡门谱。其表达式为

$$S_v(z,\omega) = \frac{4(I_u \overline{v})^2 f}{\omega(1+70.8 f^2)}, \qquad f = \frac{\omega L_u(z)}{2\pi \overline{v}_{10}} \tag{2.39}$$

式中，I_u 为顺风向湍流强度；L_u 为湍流积分尺度；$\overline{v}_z$ 为高度 z 处的平均风速 (m/s)。

（3）卡曼谱。从工程结构设计出发，Simiu 和 Scanlan（1996）对卡曼谱做了修正，其表达式为

$$S_v(z,\omega) = \frac{200k\overline{v}_{10}^2 f}{\omega(1+50 f)^{5/3}}, \qquad f = \frac{\omega z}{2\pi \overline{v}_z} \tag{2.40}$$

式中，ω 为脉动风角频率 (rad/s)；k 为地面摩擦速度系数；$\overline{v}_{10}$ 为 10 m 高度处的平均风速 (m/s)，$\overline{v}_z$ 为高度 z 处的平均风速 (m/s)。

对于受顺风向脉动风荷载作用的高层建筑，仅需考虑高度和宽度方向的脉动风空间相关性。达文波特提出了指数形式的经验公式：

$$\text{Coh}(r,\omega) = R_{xyz}(x, x', y, y', z, z', \omega) = e^{-c} \tag{2.41}$$

空间中任意两点即点 j 和点 k 的坐标分别表示为 (x,y,z)、(x',y',z')，则指数 c 可表示为

$$c = \frac{-\omega \sqrt{C_y^2(x_j - x_k)^2 + C_z^2(z_j - z_k)^2}}{\pi(\overline{v}_j + \overline{v}_k)} \tag{2.42}$$

式中，ω 为脉动风角频率 (rad/s)；$\overline{v}_j$ 为作用点 j 处的平均风速 (m/s)；$\overline{v}_k$ 为作用点 k 处的平均风速 (m/s)。不同的实验中，指数 c 的取值差别较大，希缪和斯坎伦建议指数衰减系数 $C_y = 16$、$C_z = 10$。

由此，式（2.25）中顺风向第 j 阶模态和第 k 阶模态下的广义互谱密度函数可写为

$$S_{F_j F_k}(n) = \frac{\mu_{si}^2 \rho^2 \overline{v}_H^2}{m_j m_k} \int_0^H \int_0^{B(z)} \int_0^H \int_0^{B(z')} \phi_j(z) \phi_k(z') \left(\frac{zz'}{H^2}\right)^\alpha \sqrt{S_{v_j}(x,z,n) S_{v_k}(x',z',n)} \cdots \\ \text{Coh}_{xz}(x,x',z,z',n) dx dx' dz dz' \tag{2.43}$$

对于符合拟定常假设的高层建筑，满足中心极限定理的条件，假设脉动风荷载符合平稳高斯随机过程，而风荷载的模拟方法中使用得较多的是正交分解（POD）法和蒙特卡洛（Monte-Carlo）法（舒新玲等，2002）。达文波特率先提出用正交分解法简化风荷载和风振计算（Davenport，1993）。正交分解型谱表示法的核心是以对功率谱矩阵的

特征值的分解取代原型谱表示法中的 Cholesky（乔莱斯基）分解，其物理意义明确且可通过模态截断减少计算量（周杨，2008），正交分解法在整体结构分析中收敛得较快，但在局部分析中不一定。而蒙特卡洛法的使用效率只与模拟点数量有关，与其他因素关系不大，因而比正交分解法更具优势（Rocha et al.，2000）。基于蒙特卡洛法的平稳高斯随机过程模拟方法大致可分为两大类：线性滤波器法和谐波合成法。线性滤波器法有自回归（auto-regressive，AR）法、滑动平均（moving average，MA）法、自回归滑动平均法（auto-regressive moving average，ARMA）等，该方法模拟效率较高（董军等，2000），但这是一种有条件、稳定的方法（Rossi et al.，2004），且模型定阶困难，模拟精度较低。谐波合成法将随机过程视为一系列余弦波叠加的过程，其模拟原理简单清晰，样本的高斯特性、均值及相关函数的各态历经特性等都已得到数学证明（李璟和韩大建，2009），是一种无条件、稳定的方法，同时该方法的模拟结果较为可靠，但存在计算量大的缺点（罗俊杰和韩大建，2007）。此外，刘锡良和周颖（2005）开展了逆向傅里叶变换、小波分析模拟脉动风场的相关研究。对于对风荷载较为敏感的高层建筑，模拟的随机脉动风场的精度直接决定了结构时程响应的准确性及可靠性。因此，本书采用谐波合成法模拟顺风向脉动随机风场。

2.2.2 谐波合成法

谐波合成法是基于三角级数求和的频谱表示法，通过一系列三角余弦函数的叠加模拟随机过程，由随机振幅和随机相位角的谐波振动线性叠加而成。根据 Deodatis（1996）提出的多维随机过程谐波合成法模拟顺风向脉动风场，假设有一组零均值的 m 个平稳高斯随机过程 $\{f^0(t)\}$，其中每个过程包含 n 个相关的随机变量 $\{f_1^0(t), f_2^0(t), \cdots, f_n^0(t)\}$。其互相关矩阵可表示为

$$\boldsymbol{R}^0(\tau) = \begin{bmatrix} R_{11}^0(\tau) & R_{12}^0(\tau) & \cdots & R_{1n}^0(\tau) \\ R_{21}^0(\tau) & R_{22}^0(\tau) & \cdots & R_{2n}^0(\tau) \\ \vdots & \vdots & & \vdots \\ R_{n1}^0(\tau) & R_{n2}^0(\tau) & \cdots & R_{nn}^0(\tau) \end{bmatrix} \quad (2.44)$$

式中，对角元为自相关函数，非对角元为互相关函数。根据平稳随机过程的假设，互相关矩阵的非对角元为其对称性的偶函数：

$$\begin{cases} R_{jj}^0(\tau) = R_{jj}^0(-\tau) & (j=1,2,\cdots,n) \\ R_{jm}^0(\tau) = R_{mj}^0(-\tau) & (j=1,2,\cdots,n; m=1,2,\cdots,n; j \neq m) \end{cases} \quad (2.45)$$

互谱密度矩阵可表示为

$$\boldsymbol{S}^0(\omega) = \begin{bmatrix} S_{11}^0(\omega) & S_{12}^0(\omega) & \cdots & S_{1n}^0(\omega) \\ S_{21}^0(\omega) & S_{22}^0(\omega) & \cdots & S_{2n}^0(\omega) \\ \vdots & \vdots & & \vdots \\ S_{n1}^0(\omega) & S_{n2}^0(\omega) & \cdots & S_{nn}^0(\omega) \end{bmatrix} \quad (2.46)$$

根据维纳-辛钦定理，互相关函数矩阵和互谱密度矩阵存在如下转换关系：

$$\begin{cases} R_{jm}^0(\tau) = \int_{-\infty}^{\infty} S_{jm}^0(\omega) e^{i\omega\tau} d\omega \\ S_{jm}^0(\omega) = \dfrac{1}{2\pi} \int_{-\infty}^{\infty} R_{jm}^0(\tau) e^{-i\omega\tau} d\tau \end{cases} \quad (j,m=1,2,\cdots,n) \qquad (2.47)$$

式（2.46）中，通常自功率谱函数是一个实函数，互功率谱函数为复函数。互功率谱密度函数矩阵 $\boldsymbol{S}^0(\omega)$ 中的元素满足以下关系：

$$\begin{cases} S_{jj}^0(\omega) = S_{jj}^0(-\omega) & (j=1,2,\cdots m) \\ S_{jm}^0(\omega) = S_{mj}^{0*}(-\omega) & (j=1,2,\cdots,n; m=1,2,\cdots,n; j \neq m) \end{cases} \qquad (2.48)$$

式中，* 代表复共轭。互谱密度函数矩阵具有非负正定性。

互功率谱密度矩阵 $\boldsymbol{S}^0(\omega)$ 通过 Cholesky 分解，可得到 $\boldsymbol{S}^0(\omega) = \boldsymbol{H}(\omega)\boldsymbol{H}^{*T}(\omega)$，$\boldsymbol{H}(\omega)$ 为下三角矩阵，$\boldsymbol{H}^{*T}(\omega)$ 为 $\boldsymbol{H}(\omega)$ 的复共轭转置矩阵。因脉动风速的互相关函数是非对称函数，既非奇函数，也非偶函数，故互功率谱密度函数矩阵一般为复数形式。对角元位置的为自功率谱函数，非对角元位置的为互功率谱函数。下三角矩阵 $\boldsymbol{H}(\omega)$ 表示为

$$\boldsymbol{H}(\omega) = \begin{bmatrix} H_{11}(\omega) & 0 & \cdots & 0 \\ H_{21}(\omega) & H_{22}(\omega) & \cdots & 0 \\ \vdots & \vdots & & \vdots \\ H_{n1}(\omega) & H_{n2}(\omega) & \cdots & H_{nn}(\omega) \end{bmatrix} \qquad (2.49)$$

式中，互谱函数元素具有以下性质：

$$\begin{cases} H_{jj}(\omega) = H_{jj}(-\omega) & (j=1,2,\cdots,n) \\ H_{jm}(\omega) = H_{mj}^*(-\omega) & (j=1,2,\cdots,n; m=1,2,\cdots,n; j \neq m) \end{cases} \qquad (2.50)$$

将 $H_{jm}(\omega)$ 写成极坐标形式：

$$H_{jm}(\omega) = |H_{jm}(\omega)| e^{i\theta_{jm}(\omega)} \quad (j=1,2,\cdots,n; m=1,2,\cdots,j-1; j>m) \qquad (2.51)$$

式中，$H_{jm}(\omega)$ 复角 $\theta_{jm} = \tan^{-1}\left\{\dfrac{\operatorname{Im}[H_{jm}(\omega)]}{\operatorname{Re}[H_{jm}(\omega)]}\right\}$，$\operatorname{Im}[H_{jm}(\omega)]$ 代表 $H_{jm}(\omega)$ 的虚部，$\operatorname{Re}[H_{jm}(\omega)]$ 代表 $H_{jm}(\omega)$ 的实部。

风荷载随机样本可采用式（2.52）进行模拟（星谷胜，1977）：

$$f_j(t) = \sum_{m=1}^{j}\sum_{l=1}^{N} |H_{jm}(\omega_{ml})|\sqrt{2\Delta\omega} \cos[\omega_{ml}t - \theta_{jm}(\omega_{ml}) + \phi_{ml}] \quad (j=1,2,\cdots,n) \qquad (2.52)$$

式中，N 为一充分大的正整数；$\Delta\omega$（频率增量）$= \omega_{up}/N$，ω_{up} 代表截断圆频率的上限；ϕ_{ml} 为均匀分布于 $(0,2\pi)$ 的随机相位角；ω_{ml}（双索引频率）表示为

$$\omega_{ml} = (l-1)\Delta\omega + \dfrac{m}{n}\Delta\omega \quad (l=1,2,\cdots,N) \qquad (2.53)$$

为避免模拟结果失真和存在周期性，时间增量必须足够小。N 趋于无穷大时，随机过程趋近高斯随机过程，时间增量应满足 $\Delta t \leqslant 2\pi/(2\omega_{up})$，以避免高频部分被过滤掉。

当模拟的样本点数量大于 200 时，按常规方法模拟将很耗时。通常需要引入快速傅里叶变换（fast Fourier transform，FFT），这样可以大大减少风场模拟的计算量，提高

模拟效率。

为了运用FFT，取 $M = 2\pi/(\Delta t \cdot \Delta \omega)$，将式（2.47）改写成

$$f_j(p\Delta t) = \text{Re}\left\{\sum_{m=1}^{j} h_{jm}(q\Delta t)\exp\left[\mathrm{i}\left(\frac{m\Delta\omega}{n}\right)(p\Delta t)\right]\right\} \quad (p=1,2,\cdots,M\times n-1; j=1,2,\cdots,n) \quad (2.54)$$

式中，q 为 $p/2N$ 的余数，$q = 1, 2, \cdots, 2n-1$。

$h_{jm}(q\Delta t)$ 由式（2.55）给出：

$$h_{jm}(q\Delta t) = \sum_{l=0}^{2N-1} B_{jm}(l\Delta\omega)\exp[\mathrm{i}(l\Delta\omega)(q\Delta t)] \quad (2.55)$$

式中，$B_{jm}(l\Delta\omega) = \begin{cases} \sqrt{2\Delta\omega}\sum_{m=1}^{j} H_{jm}(l\Delta\omega)\exp(\mathrm{i}\phi_{ml}) & (0 \leqslant l < N) \\ 0 & (N \leqslant l < M) \end{cases}$。

模拟点每增加1个，谱密度矩阵生成的元素将增加 $2n+1$ 个。同时双索引频率的引入增长了模拟样本的周期，而谱密度矩阵的 Cholesky 分解次数变更为 $n \times N$ 次，计算量巨大，耗时严重。引入 FFT，可大大提高谐波合成法的效率。

综上，脉动风场模拟主要针对脉动风分量，互谱密度函数矩阵 $\boldsymbol{S}^0$ 根据脉动风的自功率谱函数［式（2.38）～式（2.40）］和互功率谱函数［式（2.43）］确定。至此，已建立起风振控制振动方程和顺风向脉动风激励方程，其中广义互谱密度函数矩阵是准确求解风致振动响应的关键。

2.3 高层建筑顺风向脉动风荷载时程分析

2.3.1 结构模型参数

矩形截面高层建筑物标准模型是英联邦航空咨询理事会（Commonwealth Advisory Aeronautical Research Council，CAARC）于1969年提出的国际通用的风工程标准模型，主要用于检验高层建筑模型风洞试验模拟技术，确保风洞试验测量数据的可信度。Melbourne（1980）对几组CAARC试验模型的气弹振动响应进行了研究，提出了建筑顶部位移均值与均方根拟合函数，此后国内外学者（Tanaka and Lawen，1986；Goliger and Milford，1988；Thepmongkorn et al.，1999；Tang and Kwok，2004）对该模型的几何缩尺比、湍流强度、平扭耦合效应、尾流干扰效应等进行了研究。

本书的结构模型参数如下：建筑几何高度为 182.88 m，宽度为 45.72 m，进深为 30.48 m；结构型式为框架-核心筒结构，结构采用混凝土材料，围护结构采用木质材料；建筑容重为 220 kg/m³，平动基频 $f_1 = f_2 = 0.2$ Hz（Melbourne，1980），扭转基频 $f_T \approx 1.58 f_1 = 1.58 f_2$（Zhang et al.，2015），结构模态如图2.1所示，按式（2.34）计算出前三阶振型的阻尼比分别为 0.02、0.02、0.024。

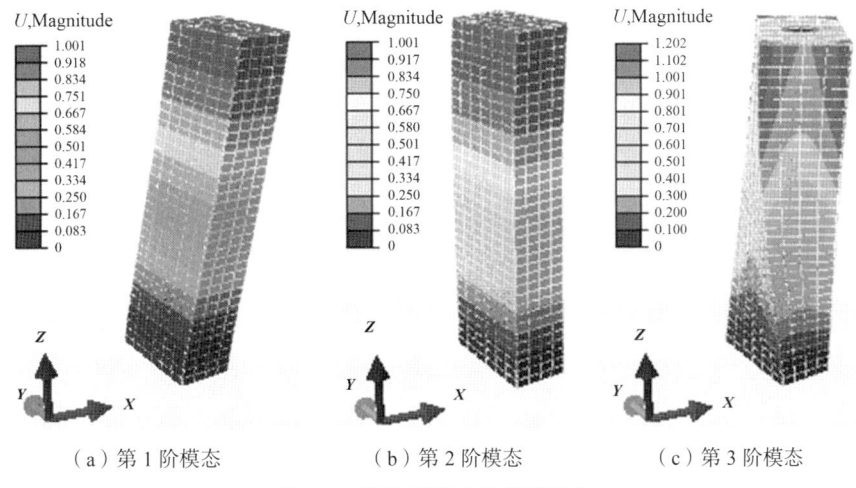

（a）第1阶模态　　　　　（b）第2阶模态　　　　　（c）第3阶模态

图 2.1　结构模态（后附彩图）

2.3.2　风荷载参数

将美国圣母大学（UND）空气动力数据库中的数据与本书的研究结果进行对比。该数据库是以 18 个矩形截面高层建筑风洞试验测力模型试验结果为基础建立起来的交互式数据库（Zhou et al., 2003），输入风荷载和结构模型参数，即可得到结构响应。

1. 不同时距的基本风速换算

由于美国荷载规范与我国荷载规范在风荷载取值上有一定的差异，因此需要进行不同时距的基本风速换算。我国《建筑结构荷载规范》（GB 50009—2012）规定的基本风压取值标准如下：空旷场地离地高度为 10 m，重现期为 50 年，10 min 内平均年最大风速的观测数据。例如，南昌市基本风压 w_0 取 0.45 kN/m²，基本风速由伯努利公式计算得到：$v_0 = \sqrt{2w_0/\rho} = \sqrt{2\times0.45\times10^3/1.25} = 26.83$ m/s。美国规范中基本风速的取值标准如下：开阔场地离地高度为 10 m，年出现概率为 0.02（相当于重现期为 50 年），时距为 3 s 的最大风速。依据不同时距的风速换算系数（表 2.1），将我国规范中的基本风速换算成美国规范中时距为 3 s 的基本风速，换算系数为 1.5，即 $26.83\times1.5 \approx 40.25$ m/s。

表 2.1　不同时距的风速换算系数（周云，2009）

实测风速时距	60 min	10 min	5 min	2 min	1 min	0.5 min	20 s	10 s	5 s	瞬时
换算系数	0.94	1.00	1.07	1.16	1.20	1.26	1.28	1.35	1.39	1.50

2. 脉动风自功率谱

本书选取不沿高度变化的达文波特谱和沿高度变化的冯·卡门谱及卡曼谱，并考虑这两类风谱对结构风致振动的影响。

由图 2.2 可以看出，在低频段达文波特谱值低于冯·卡门谱和卡曼谱，在高频段达文波特谱值高于冯·卡门谱和卡曼谱，而高层建筑基本频率基本上处于该范围，计算结果较为保守。冯·卡门谱和卡曼谱在高频段基本一致，但是在低频段卡曼谱值高于冯·卡门谱，这是由于希缪和斯坎伦对卡曼谱进行调整后，发现其在惯性子区间与科尔莫戈罗夫（Kolmogorov）风谱较为接近，并满足科尔莫戈罗夫的 –5/3 定律，然而在低频范围内，当 fB/U_H 小于 0.01 时，卡曼风谱明显不再适用。

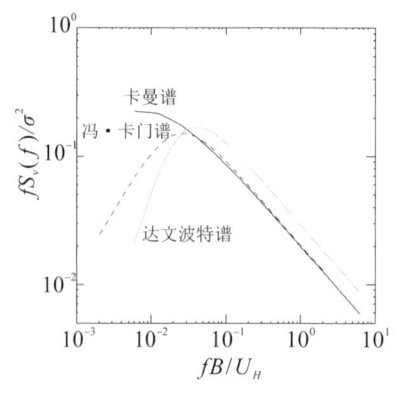

图 2.2 顺风向脉动风自功率谱

2.3.3 顺风向气动阻尼比

本书采用 Cao 等（2012）提出的顺风向气动阻尼比计算公式 [式（2.35）]，并考虑了顺风向气动阻尼比随折减风速变化的情况，研究气弹效应对高层建筑顺风向振动的影响。

由表 2.2 可以看出，顺风向气动阻尼比恒为正值，且随着折减风速增加而增大。顺风向气动阻尼比与结构阻尼比叠加后，总阻尼比增大，这对建筑的顺风向风致振动有利。

表 2.2 顺风向气动阻尼比

基本风速 /(m/s)	建筑顶部风速 /(m/s)	折减风速	气动阻尼比	总阻尼比
21.90	33.87	4.54	0.0024	0.0224
26.82	41.49	5.56	0.0034	0.0234
29.66	45.87	6.14	0.0039	0.0239
32.85	50.81	6.80	0.0046	0.0246
39.42	60.97	8.16	0.0059	0.0259
43.80	67.74	9.07	0.0068	0.0268
48.18	74.51	9.98	0.0076	0.0276
52.56	81.29	10.89	0.0085	0.0285
56.94	88.06	11.80	0.0094	0.0294
61.32	94.84	12.70	0.0103	0.0303
65.70	101.61	13.61	0.0111	0.0311
70.08	108.38	14.51	0.0120	0.0320

注：顺风向基本频率为 0.2 Hz，混凝土结构阻尼比取 0.02，阻力系数取 1.3。

2.3.4 顺风向脉动风速时程模拟

每次模拟的脉动风速时程只是风荷载随机过程中的一个样本，单个样本不具备代表性，需要模拟多个样本并对其进行统计分析。AIJ（2015）对单质点模型做了 160 次风振响应分析，分析结果表明，若要使结果具有 90% 的可信度，则需要进行 4 次随机过程模拟。因此，本书选取的模型为多质点模型，每个风谱的随机过程模拟次数不少于 10 次，以保证计算结果的可靠性。

1. 基于达文波特谱的顺风向脉动风速时程模拟

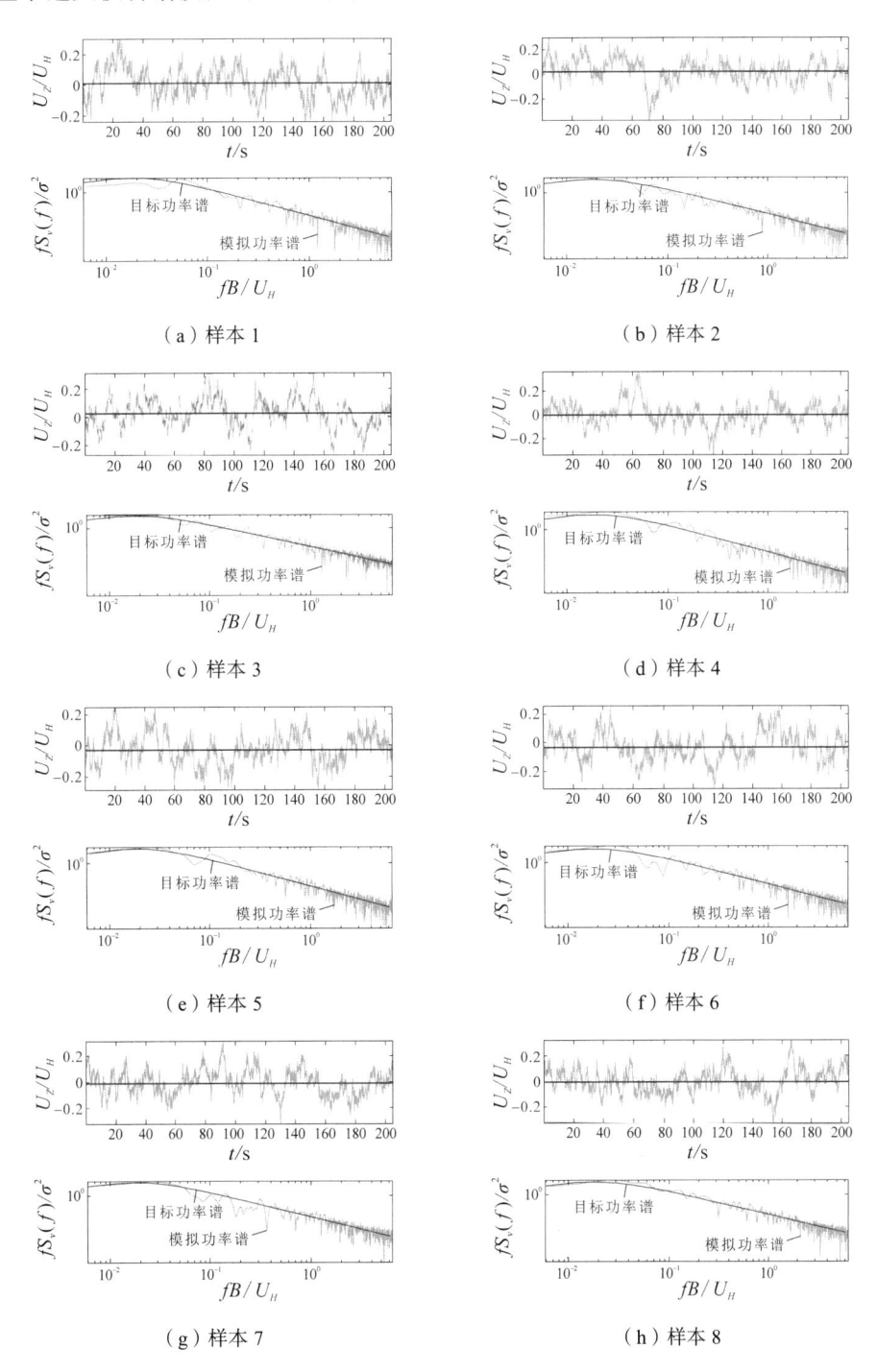

基于达文波特谱模拟的顺风向脉动风速时程与功率谱如图 2.3 所示。

（a）样本 1

（b）样本 2

（c）样本 3

（d）样本 4

（e）样本 5

（f）样本 6

（g）样本 7

（h）样本 8

(i) 样本 9　　　　　　　　　　　　(j) 样本 10

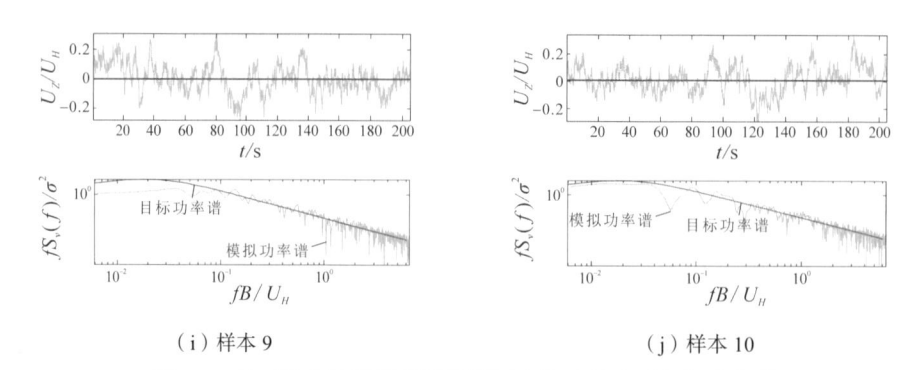

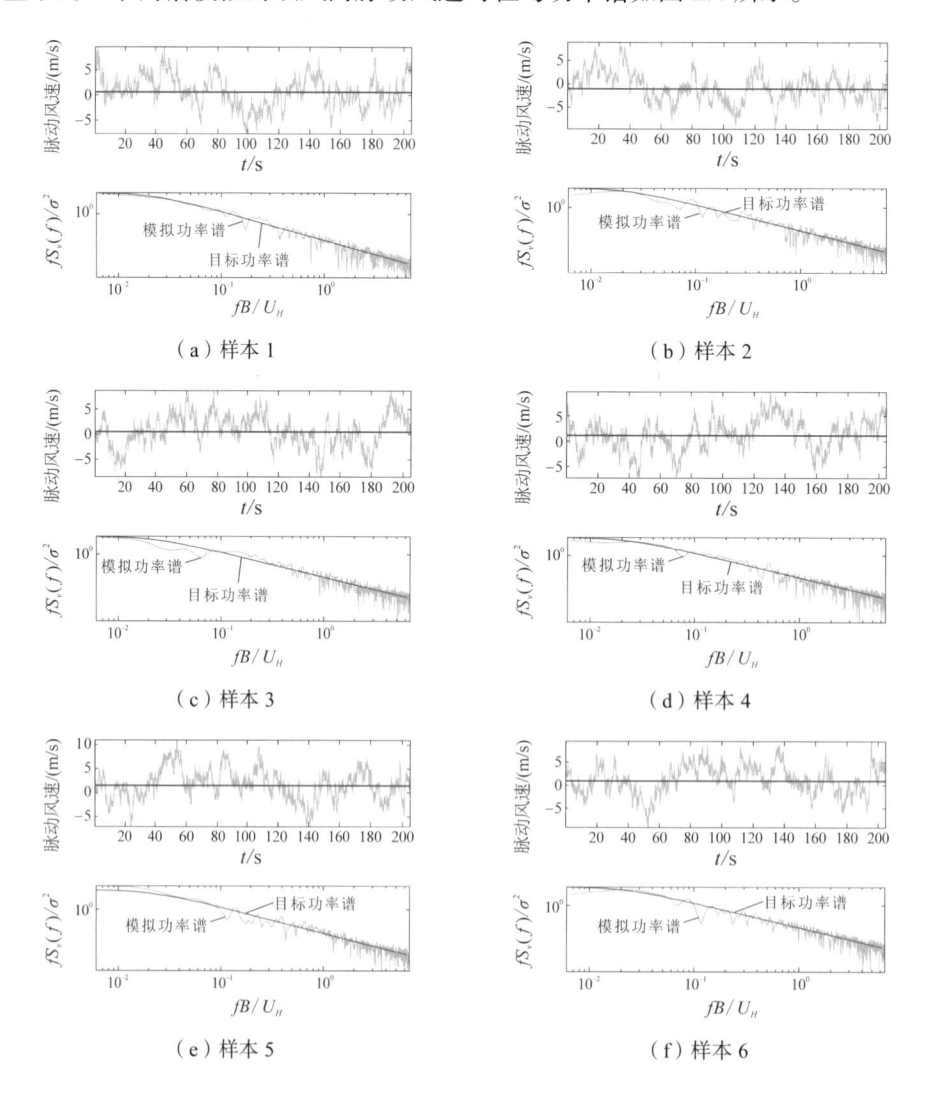

图 2.3　基于达文波特谱模拟的顺风向脉动风速时程与功率谱

图（a）~图（j）中，上图均为对应样本的顺风向脉动风速时程曲线，下图均为对应样本的功率谱对比图

2. 基于冯·卡门谱的顺风向脉动风速时程模拟

基于冯·卡门谱模拟的顺风向脉动风速时程与功率谱如图 2.4 所示。

(a) 样本 1　　　　　　　　　　　　(b) 样本 2

(c) 样本 3　　　　　　　　　　　　(d) 样本 4

(e) 样本 5　　　　　　　　　　　　(f) 样本 6

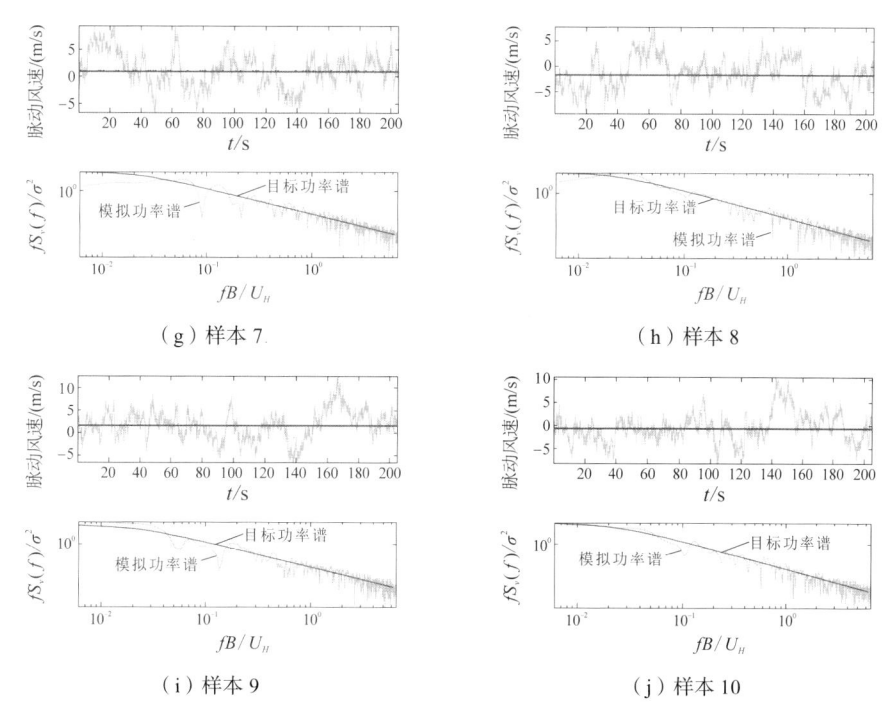

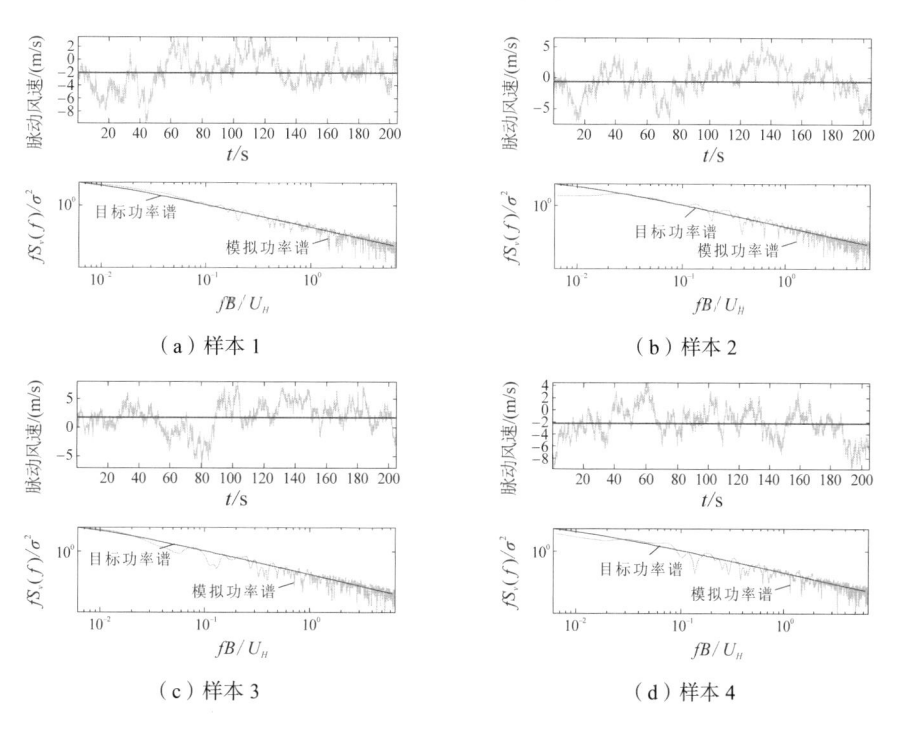

图 2.4 基于冯·卡门谱模拟的顺风向脉动风速时程与功率谱

图（a）～图（j）中，上图均为对应样本的顺风向脉动风速时程曲线，下图均为对应样本的功率谱对比图

3. 基于卡曼谱的顺风向脉动风速时程模拟

基于卡曼谱模拟的顺风向脉动风速时程与功率谱如图 2.5 所示。

(e) 样本 5　　　　　　　　　　　(f) 样本 6

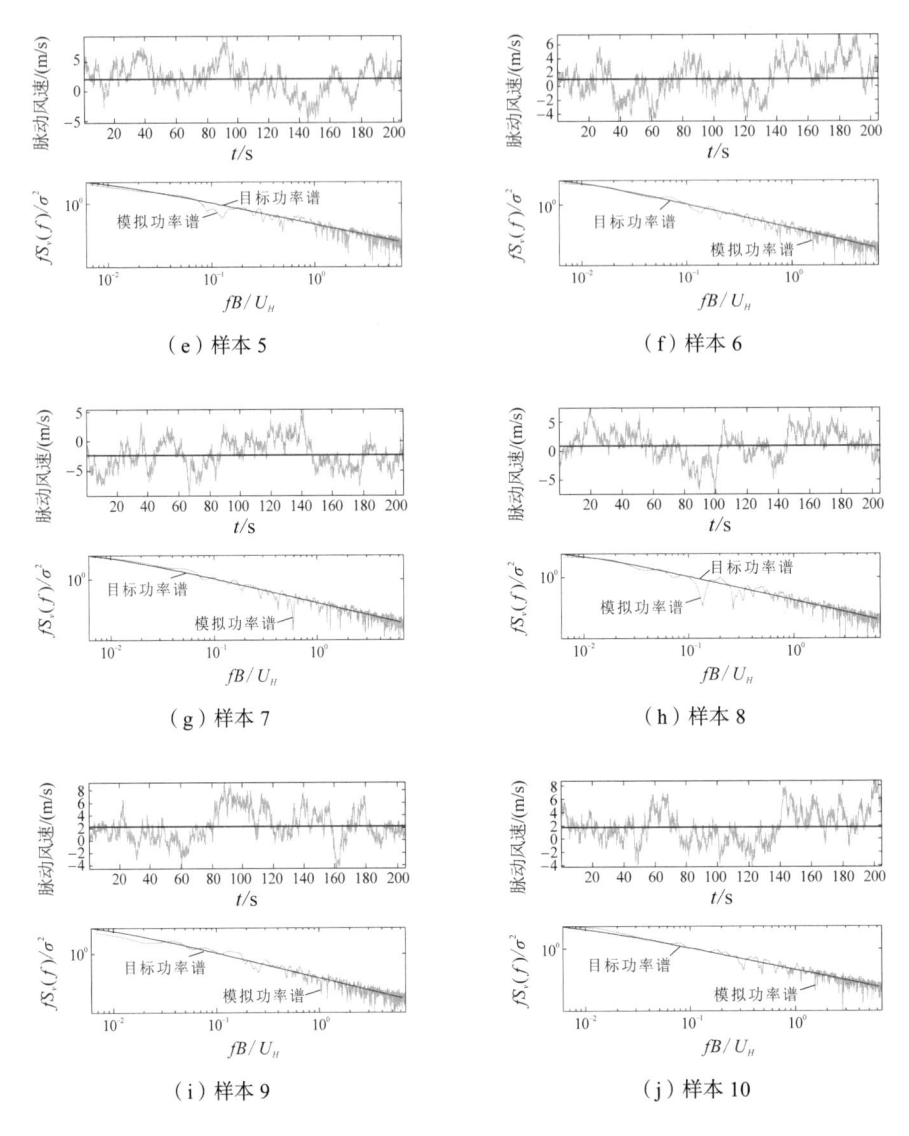

(g) 样本 7　　　　　　　　　　　(h) 样本 8

(i) 样本 9　　　　　　　　　　　(j) 样本 10

图 2.5　基于卡曼谱模拟的顺风向脉动风速时程与功率谱

图（a）～图（j）中，上图均为对应样本的顺风向脉动风速时程曲线，下图均为对应样本的功率谱对比图

本章所模拟出的顺风向脉动风速时程曲线主要用于研究风荷载作用下高层建筑的居住舒适度，即顺风向风振加速度。因此，按荷载规范规定，10 年一遇的风荷载取 0.3 kN/m²，开阔场地 10 m 高度处的基本风速为 21.6 m/s，建筑顶部的风速为 34.88 m/s。模拟程序与结构模型相对应，按层间模型（即"冰糖葫芦串"模型）进行模拟。图 2.3～图 2.5 给出了建筑顶部顺风向脉动风速的模拟结果，可以看出：顺风向脉动风速时程随时间变化呈现出一定的随机性，目标功率谱与模拟功率谱较好地吻合，说明本章模拟顺风向风速的方法具有较高的精度。建筑顶部顺风向脉动风速峰值与平均风速的风速比约占 30%。

2.4 高层建筑顺风向加速度响应分析

2.4.1 不同风速谱的影响

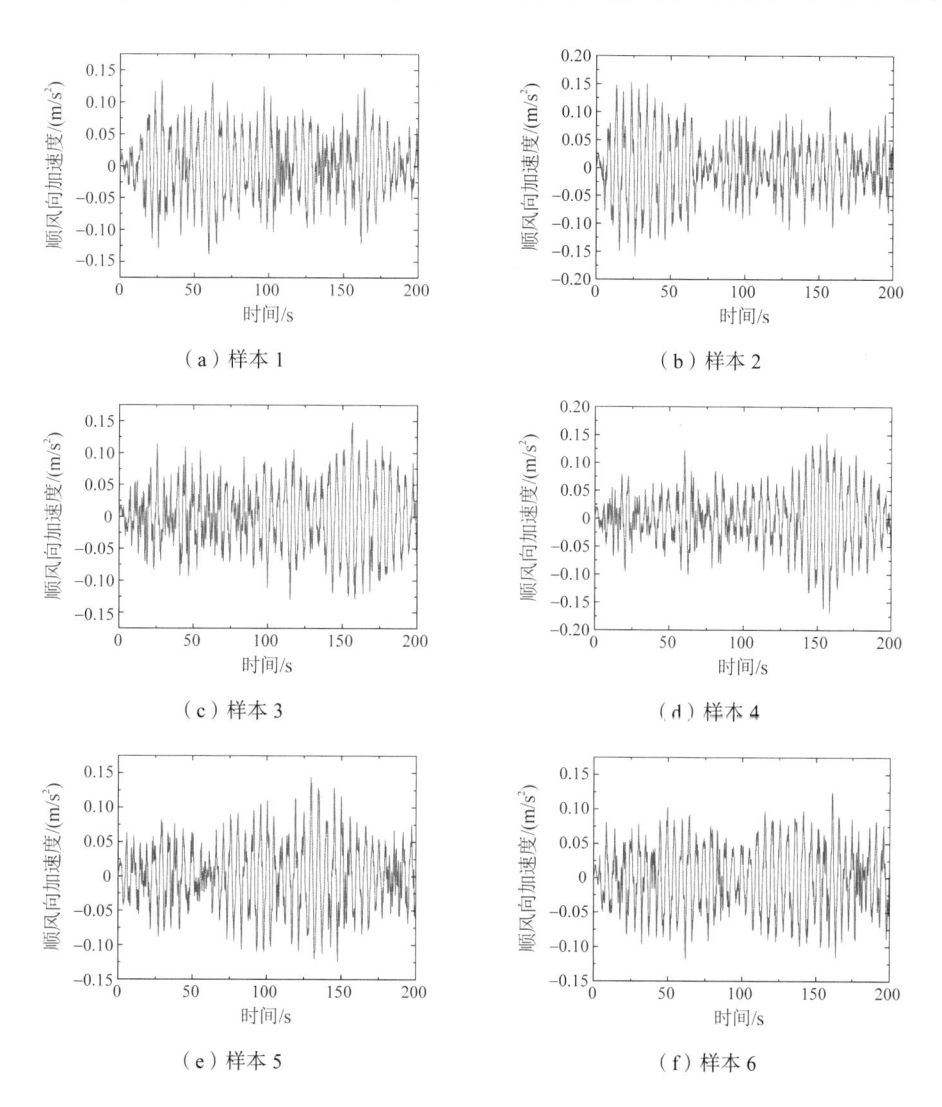

1. 基于达文波特谱的顺风向加速度响应曲线

从图 2.6 中可以看出，顺风向结构加速度响应也是一个随机过程，由于脉动时程模拟过程中受到能量分布的影响，结构加速度响应具有一定的差异，同时也说明对于多质点高层建筑，需要进行多次随机过程模拟，以保证计算结果的可靠性。值得注意的是，尽管结构加速度响应不尽相同，但因受结构固有频率的影响，结构在一定的时间间隔内

(a) 样本 1

(b) 样本 2

(c) 样本 3

(d) 样本 4

(e) 样本 5

(f) 样本 6

（g）样本 7　　　　　　　　　　　　（h）样本 8

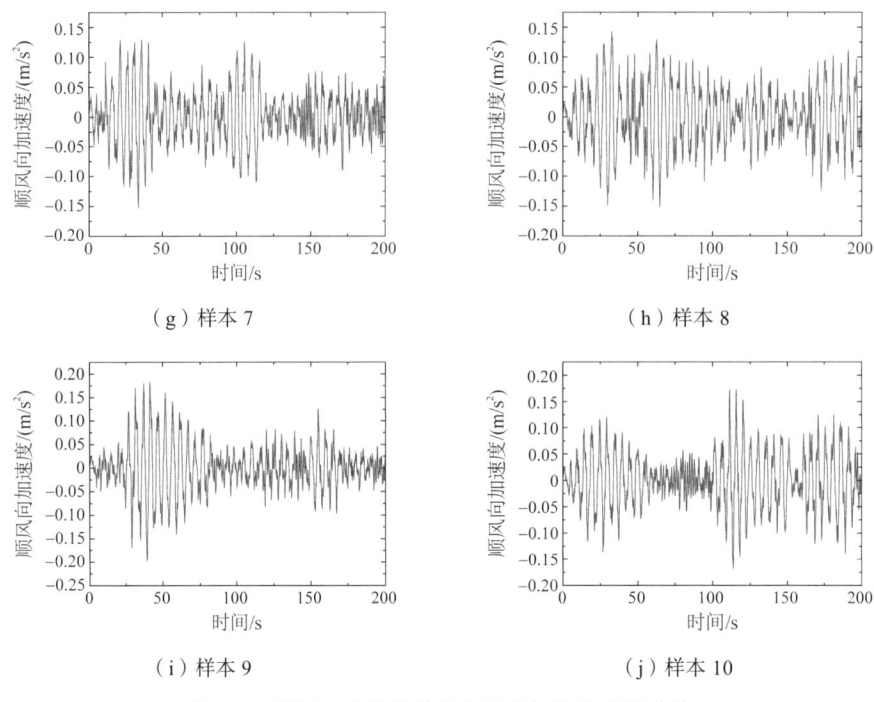

（i）样本 9　　　　　　　　　　　　（j）样本 10

图 2.6　基于达文波特谱的顺风向加速度响应曲线

做往复运动。以结构模型的基本周期 5 s 为例，结构风致振动的一个完整周期时间约为 5 s，此时结构的基本振型对振动响应的贡献最大。

从表 2.3 中可以看出，顺风向风振加速度的均值趋近 0，根方差平均值为 0.0491 m/s²，与根方差最大值和最小值的偏差约为 ±10%。选取的样本数量越多，越能保证计算结果的可靠度。表 2.3 也给出了偏度和峰度的统计结果，偏度为三阶中心距，算例样本统计偏度均在 0.07 以内；峰度为四阶中心距，算例样本统计峰度大多在 2.2～3.3 范围内，基本符合标准的高斯分布（偏度为 0，峰度为 3）。

表 2.3　基于达文波特谱的顺风向加速度统计结果

时程样本	样本容量	极小值 /(m/s²)	极大值/(m/s²)	均值/(m/s²)	根方差/(m/s²)	偏度	峰度
样本 1	2048	−0.1387	0.1329	−0.0001	0.0489	0.0106	2.5924
样本 2	2048	−0.1595	0.1526	0	0.0524	−0.0119	2.8854
样本 3	2048	−0.1296	0.1490	0.0001	0.0499	0.0214	2.5278
样本 4	2048	−0.1673	0.1523	−0.0001	0.0489	−0.0257	3.3313
样本 5	2048	−0.1240	0.1446	−0.0001	0.0467	0.0214	2.7347
样本 6	2048	−0.1181	0.1248	−0.0003	0.0464	−0.0570	2.2186
样本 7	2048	−0.1532	0.1294	0.0001	0.0449	0.0291	3.2263
样本 8	2048	−0.1525	0.1431	−0.0002	0.0506	−0.0497	2.8080
样本 9	2048	−0.1962	0.1833	0	0.0507	0.0627	3.1332
样本 10	2048	−0.1686	0.1734	−0.0001	0.0519	−0.0188	3.1537

2. 基于冯·卡门谱的顺风向加速度响应曲线

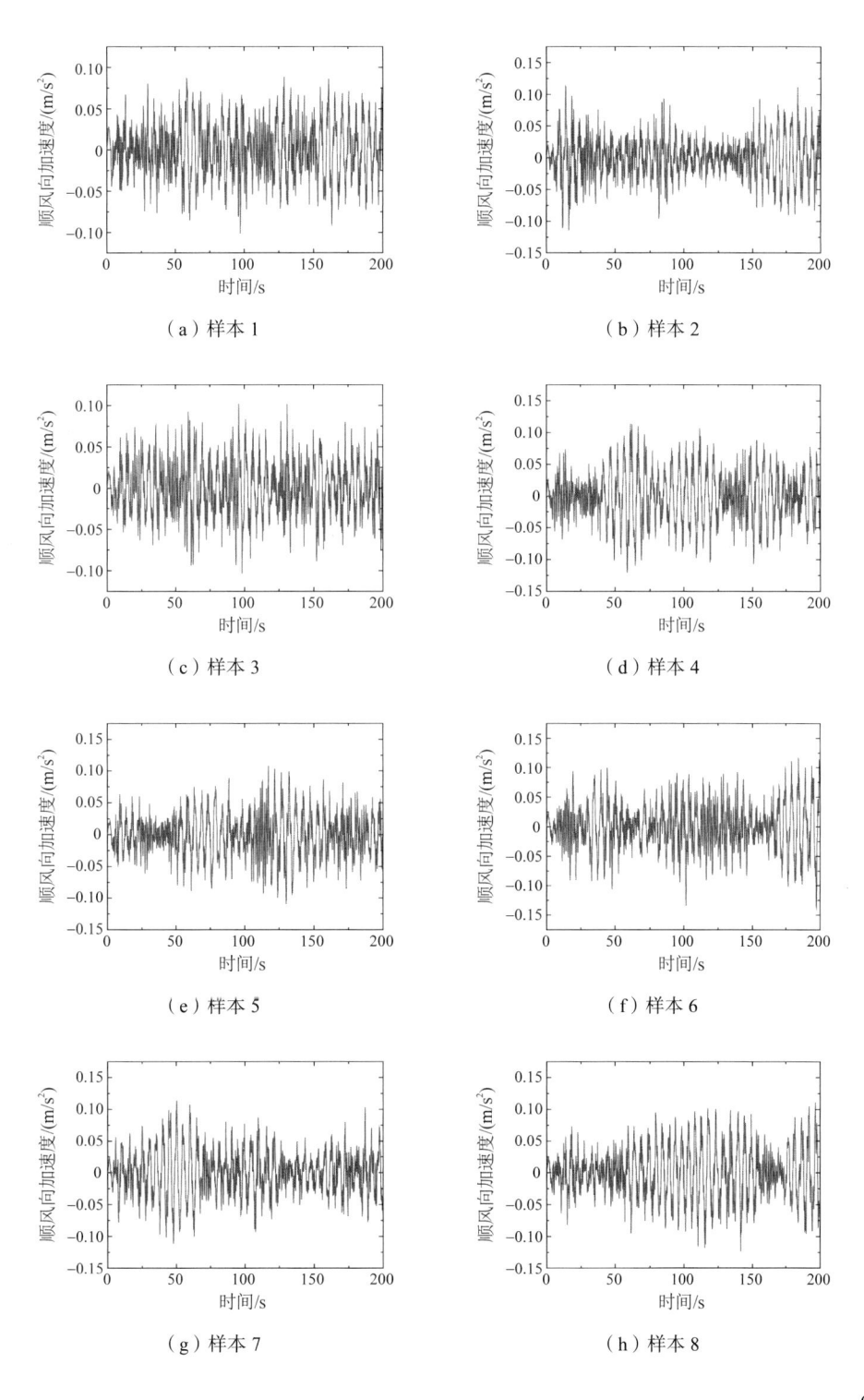

基于冯·卡门谱的顺风向加速度响应曲线如图2.7所示。

(a) 样本1

(b) 样本2

(c) 样本3

(d) 样本4

(e) 样本5

(f) 样本6

(g) 样本7

(h) 样本8

（i）样本 9　　　　　　　　　　　　（j）样本 10

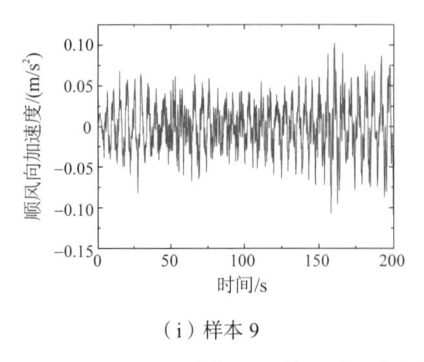

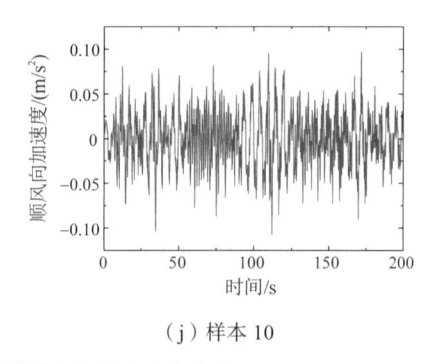

图 2.7　基于冯·卡门谱的顺风向加速度响应曲线

从表 2.4 中可以看出，顺风向风振加速度的均值趋近 0，根方差平均值为 0.036 m/s²，与根方差最大值和最小值的偏差为 −10%～15%。选取的样本数量越多，越能保证计算结果的可靠度。表 2.4 也给出了偏度和峰度的统计结果，偏度为三阶中心距，算例样本统计偏度均在 0.08 以内；峰度为四阶中心距，算例样本统计峰度均在 2.5～3.2 范围内，基本符合标准的高斯分布（偏度为 0，峰度为 3）。

表 2.4　基于冯·卡门谱的顺风向加速度统计结果

时程样本	样本容量	极小值/(m/s²)	极大值/(m/s²)	均值/(m/s²)	根方差/(m/s²)	偏度	峰度
样本 1	2048	−0.1012	0.0888	−0.0001	0.0329	−0.0141	2.5755
样本 2	2048	−0.1144	0.1126	0	0.0338	−0.0224	3.2406
样本 3	2048	−0.1035	0.1023	−0.0002	0.0336	0.0570	2.6469
样本 4	2048	−0.1199	0.1141	0.0001	0.0408	−0.0688	2.7068
样本 5	2048	−0.1096	0.1082	0	0.0351	−0.0445	2.9136
样本 6	2048	−0.1373	0.1167	0.0001	0.0405	−0.0837	3.0338
样本 7	2048	−0.1116	0.1140	0.0001	0.0359	0.0415	2.9918
样本 8	2048	−0.1233	0.1112	−0.0001	0.0417	0.0105	2.6632
样本 9	2048	−0.1091	0.1022	0	0.0314	−0.0304	3.1359
样本 10	2048	−0.1076	0.0974	0.0001	0.0313	−0.0249	2.9510

3. 基于卡曼谱的顺风向加速度响应曲线

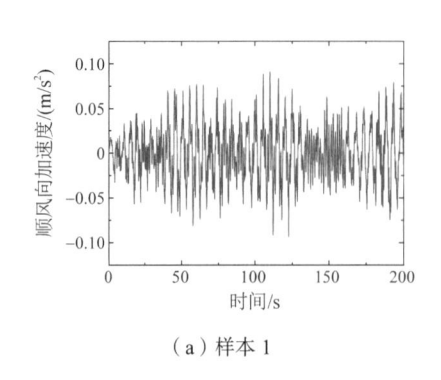

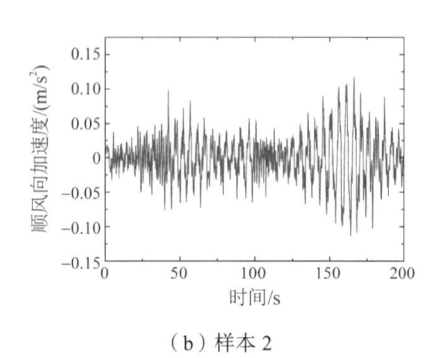

基于卡曼谱的顺风向加速度响应曲线如图 2.8 所示。

（a）样本 1　　　　　　　　　　　　（b）样本 2

(c) 样本 3

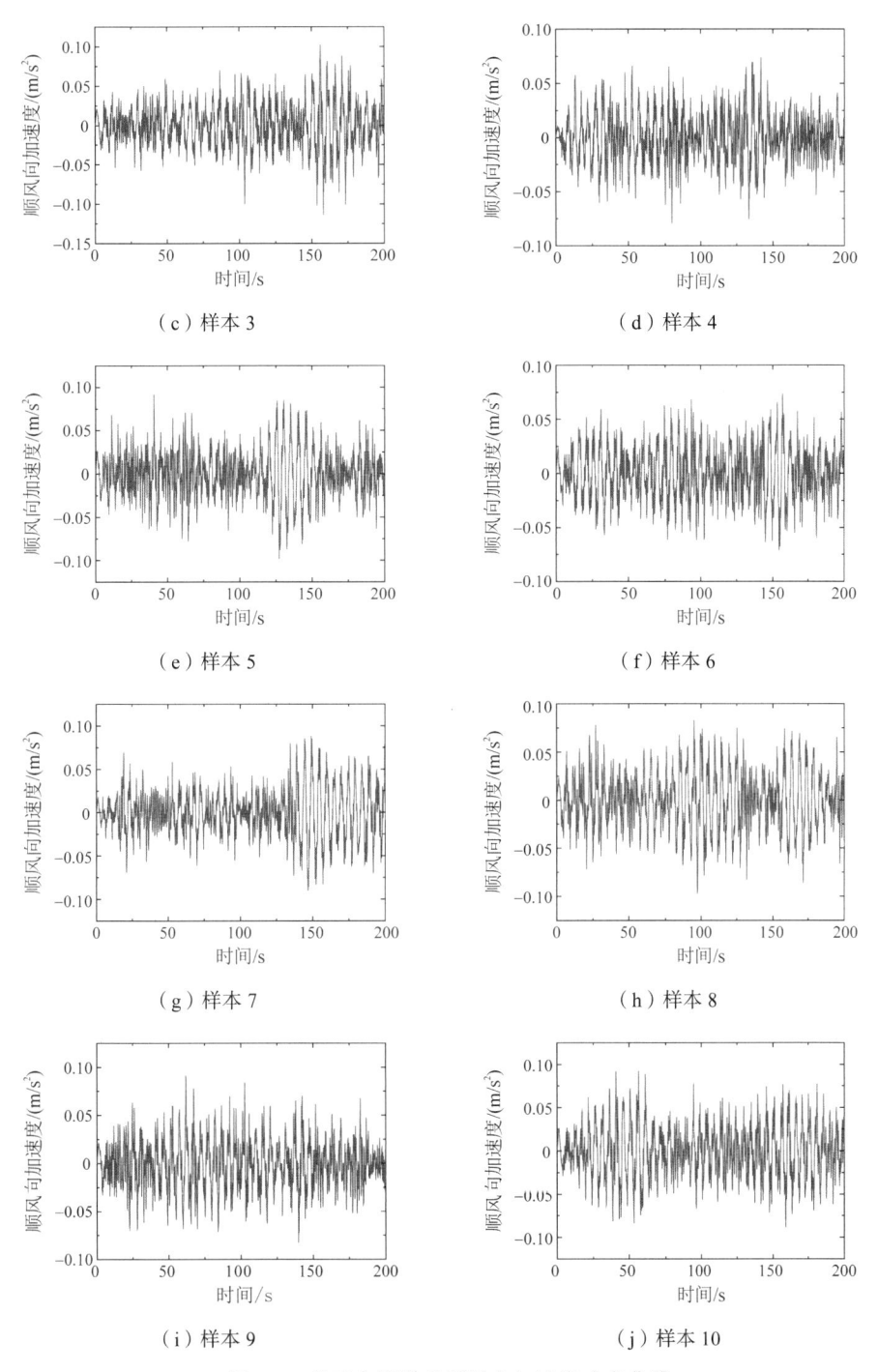

(d) 样本 4

(e) 样本 5

(f) 样本 6

(g) 样本 7

(h) 样本 8

(i) 样本 9

(j) 样本 10

图 2.8　基于卡曼谱的顺风向加速度响应曲线

从表 2.5 中可以看出，顺风向风振加速度的均值趋近 0，根方差平均值为 0.0282 m/s²，与根方差最大值和最小值的偏差为 –15% ～ 15%。选取的样本数量越多，越能保证计算结果的可靠度。表 2.5 也给出了偏度和峰度的统计结果，偏度为三阶中心距，算例样本统计偏度均在 0.07 以内；峰度为四阶中心距，算例样本统计峰度均在 2.6～3.9 范围内，基本符合标准的高斯分布（偏度为 0，峰度为 3）。

表 2.5 基于卡曼谱的顺风向加速度统计结果

时程样本	样本容量	极小值/(m/s^2)	极大值/(m/s^2)	均值/(m/s^2)	根方差/(m/s^2)	偏度	峰度
样本 1	2048	−0.0941	0.0912	0.0001	0.0307	0.0256	2.7013
样本 2	2048	−0.1140	0.1173	−0.0001	0.0327	0.0212	3.8088
样本 3	2048	−0.1142	0.1025	0.0002	0.0284	−0.0367	3.4743
样本 4	2048	−0.0795	0.0742	−0.0002	0.0233	0.0659	2.9817
样本 5	2048	−0.0984	0.0921	−0.0001	0.0280	−0.0283	3.3649
样本 6	2048	−0.0718	0.0833	0	0.0254	−0.0104	2.6759
样本 7	2048	−0.0898	0.0884	0	0.0279	0.0122	3.3231
样本 8	2048	−0.0971	0.0831	0	0.0301	−0.0158	2.6968
样本 9	2048	−0.0823	0.0918	0	0.0256	0.0041	3.1157
样本 10	2048	−0.0886	0.0925	0	0.0303	0.0443	2.7035

4. 顺风向加速度统计值与平均值的对比

前面给出了不同风谱下的顺风向加速度统计结果，为验证本书分析方法的准确性，本章分别使用 UND 空气动力数据库和我国荷载规范中的数据进行对比。

（1）UND 空气动力数据库。将本章前述的建筑结构模型参数、结构固有频率以及风场参数输入到数据库交互式界面（注意：美国规范中的基本风速为 40.25 m/s，相当于我国规范中的基本风速 26.8 m/s），可得到 10 年一遇的基本风压所引起的顺风向加速度均方根为 0.0325 m/s^2。

（2）我国荷载规范。具体参数如下：峰值因子 g 取 2.5；10 m 高度处的湍流强度 I_{10} 对应的 B 类地面粗糙度取 0.14；重现期为 10 年的基本风压 w_R 取 0.3 kN/m^2；迎风面宽度 B 取 45.72 m，深度 D 取 30.48 m，高度 H 取 182.88 m；结构容重取 0.22 t/m^3；风压高度变化系数 μ_z 取 2.38；风荷载体型系数 μ_s 取 1.3；顺风向振动加速度的脉动系数 η_a 取 2.33；脉动风荷载背景分量因子 B_z 取 0.3969。将上述参数代入计算公式，可得到建筑顶部顺风向加速度为 0.0896 m/s^2。考虑到各国规范中峰值因子计算方法存在一定的差异，为方便对比计算结果，仅计算顺风向加速度根方差（0.03584 m/s^2）。

由图 2.9 可以得出：①利用达文波特谱计算得到的加速度根方差平均值为 0.0491 m/s^2，利用冯·卡门谱计算得到的加速度根方差平均值为 0.036 m/s^2，利用卡曼谱计算得到的加速度根方差平均值为 0.0282 m/s^2，冯·卡门谱的计算结果介于二者之间。②我国荷载规范中的加速度根方差（0.0358 m/s^2）略大于 UND 数据库中的加速度根方差（0.0325 m/s^2），但总体上二者基本一致。③冯·卡门谱的计算结果与我国荷载规范中的数据基本一致。当采用达文波特谱时，会高估顺风向加速度响应约 37%；当采用卡曼谱时，会低估顺风向加速度响应约 21%。

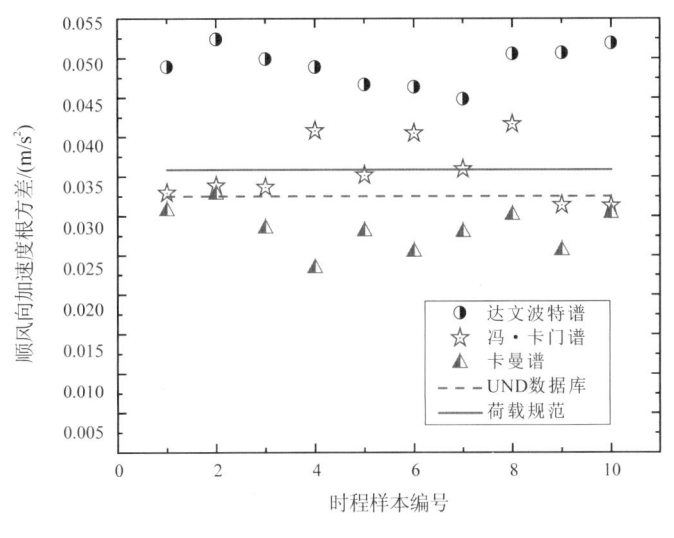

图 2.9 顺风向加速度根方差对比

2.4.2 气动阻尼比的影响

由于利用冯·卡门谱计算得到的加速度根方差与我国荷载规范规定的顺风向加速度（未计入峰值因子）较为吻合，因此限于篇幅，本节仅基于冯·卡门谱考虑气动阻尼比对结构振动的影响。

1. 气动阻尼比的顺风向加速度统计分析

从表 2.6 和表 2.7 中可以看出，顺风向风振加速度的均值趋近 0，根方差随折减风速的增加而增大，而偏度和峰度变化不大，基本符合标准的高斯分布（偏度为 0，峰度为 3）。考虑气动阻尼比后，对顺风向加速度有以下影响：①随着折减风速的增加，加速度极大值和极小值均有一定程度的减小；②加速度极大值（代表顺风向）减小幅度大于极小值（代表反方向），极大值减小幅度为 1%～17%；③随着折减风速的增加，加速度根方差减小，减小幅度为 5%～16%（图 2.10）。

表 2.6 未考虑气动阻尼比的顺风向加速度统计结结果

折减风速	样本容量	极小值/(m/s²)	极大值/(m/s²)	均值/(m/s²)	根方差/(m/s²)	偏度	峰度
4.54	2048	−0.1059	0.1024	−0.0001	0.0369	−0.0185	2.5003
5.56	2048	−0.1778	0.1710	−0.0002	0.0616	−0.0255	2.5115
6.14	2048	−0.2482	0.2638	0.0001	0.0809	−0.0016	3.1636
6.80	2048	−0.4671	0.4219	−0.0003	0.1598	−0.0119	2.5284
8.16	2048	−0.6113	0.6836	0.0004	0.2206	0	2.7582
9.07	2048	−0.6421	0.6563	−0.0005	0.2155	−0.0257	3.0240

续表

折减风速	样本容量	极小值/(m/s²)	极大值/(m/s²)	均值/(m/s²)	根方差/(m/s²)	偏度	峰度
9.98	2048	−1.1278	1.0705	0.0009	0.2929	−0.0787	3.8300
10.89	2048	−1.2595	1.3378	0.0010	0.3616	0.0626	3.7049
11.80	2048	−1.5676	1.3709	−0.0005	0.4826	0.0052	2.9545
12.70	2048	−2.1627	2.0187	−0.0021	0.5878	−0.0242	3.4158
13.61	2048	−2.1796	1.8843	0.0012	0.6861	−0.0692	2.7316
14.51	2048	−1.6794	1.9684	−0.0031	0.6592	0.0670	2.5471

表2.7 考虑气动阻尼比的顺风向加速度统计结果

折减风速	样本容量	极小值/(m/s²)	极大值/(m/s²)	均值/(m/s²)	根方差/(m/s²)	偏度	峰度
4.54	2048	−0.0985	0.0932	−0.0001	0.0342	−0.0161	2.5306
5.56	2048	−0.1750	0.1617	−0.0001	0.0588	−0.0237	2.5470
6.14	2048	−0.2429	0.2575	0.0001	0.0767	−0.0081	3.2229
6.80	2048	−0.4310	0.3819	−0.0002	0.1420	−0.0209	2.6551
8.16	2048	−0.5310	0.6072	0.0002	0.1916	−0.0057	2.7483
9.07	2048	−0.6069	0.6559	−0.0005	0.1989	−0.0353	3.1355
9.98	2048	−1.0276	0.9414	0.0006	0.2666	−0.0892	3.5867
10.89	2048	−1.1208	1.1862	0.0010	0.3162	0.0719	3.5822
11.80	2048	−1.4333	1.1454	−0.0004	0.4159	−0.0013	2.8835
12.70	2048	−1.8525	1.7615	−0.0010	0.5045	−0.0228	3.3929
13.61	2048	−2.0607	1.6914	0.0008	0.5735	−0.0919	2.9121
14.51	2048	−1.5773	1.6351	−0.0025	0.5549	0.0889	2.6658

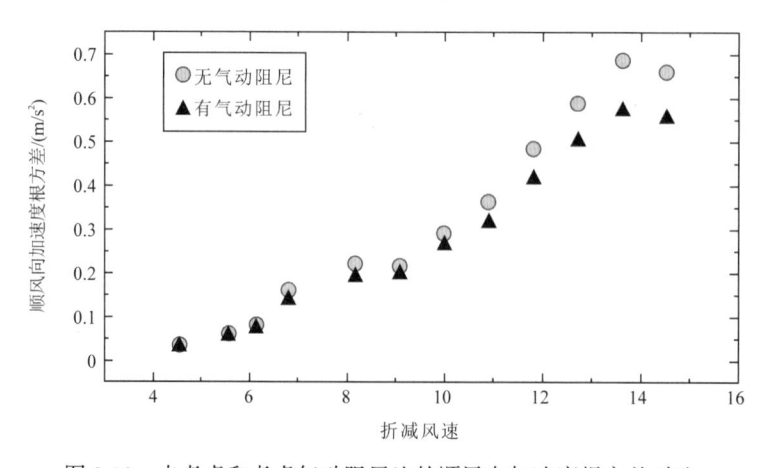

图2.10 未考虑和考虑气动阻尼比的顺风向加速度根方差对比

2. 考虑气动阻尼比的顺风向顶部位移统计分析

表2.8 未考虑气动阻尼比的顺风向位移统计结果

折减风速	样本容量	极小值/(m/s²)	极大值/(m/s²)	均值/(m/s²)	根方差/(m/s²)	偏度	峰度
4.54	2048	0	0.1254	0.0738	0.0242	−0.2595	2.579
5.56	2048	0	0.1921	0.1099	0.0393	−0.2348	2.459
6.14	2048	0	0.2722	0.1236	0.0502	0.1144	2.875
6.80	2048	−0.1037	0.4067	0.1602	0.1031	0.1005	2.285
8.16	2048	−0.1091	0.6581	0.2321	0.1405	0.1328	2.624
9.07	2048	−0.0323	0.6073	0.2982	0.1288	−0.2054	2.822
9.98	2048	−0.2124	1.0305	0.3505	0.1759	0.0863	4.238
10.89	2048	−0.3403	1.2394	0.4184	0.2296	0.0434	3.684
11.80	2048	−0.3825	1.4039	0.5025	0.3030	0.0845	2.770
12.70	2048	−0.3743	1.6550	0.5819	0.3508	0.2833	3.062
13.61	2048	−0.3853	1.7242	0.6549	0.4165	−0.0310	2.671
14.51	2048	−0.2963	1.7807	0.7307	0.3942	0.0961	2.455

表2.9 考虑气动阻尼比的顺风向位移统计结果

折减风速	样本容量	极小值/(m/s²)	极大值/(m/s²)	均值/(m/s²)	根方差/(m/s²)	偏度	峰度
4.54	2048	0	0.1223	0.0738	0.0230	−0.2897	2.701
5.56	2048	0	0.1892	0.1099	0.0374	−0.2571	2.547
6.14	2048	0	0.2662	0.1237	0.0475	0.1423	2.949
6.80	2048	−0.0780	0.3966	0.1601	0.0917	0.1256	2.408
8.16	2048	−0.0544	0.6058	0.2322	0.1220	0.1606	2.569
9.07	2048	−0.0103	0.5780	0.2982	0.1179	−0.2250	2.890
9.98	2048	−0.1304	0.9552	0.3507	0.1577	0.0914	3.989
10.89	2048	−0.2463	1.1137	0.4184	0.2005	0.0375	3.536
11.80	2048	−0.2548	1.3076	0.5023	0.2596	0.0658	2.713
12.70	2048	−0.1894	1.5126	0.5812	0.2952	0.3057	3.081
13.61	2048	−0.1651	1.5650	0.6551	0.3392	−0.0903	2.761
14.51	2048	−0.1100	1.6131	0.7302	0.3218	0.0261	2.567

从表2.8和表2.9中可以看出，顺风向顶部位移均值为脉动风背景分量作用下响应，以顺风向位移为主，且随折减风速增加而增大，气动阻尼比对顶部位移均值几乎没有影响，而偏度和峰度变化也不大，基本符合标准的高斯分布（偏度为0，峰度为3）。考虑气动阻尼比后，对位移统计结果有以下影响：①随着折减风速的增加，顺风向顶部位移极大值（代表顺风向）和极小值（代表反方向）均有一定程度的减小，极大值减小幅值约3%～10%；②根方差随折减风速的增加而减小，减小范围为5%～20%（图2.11）。

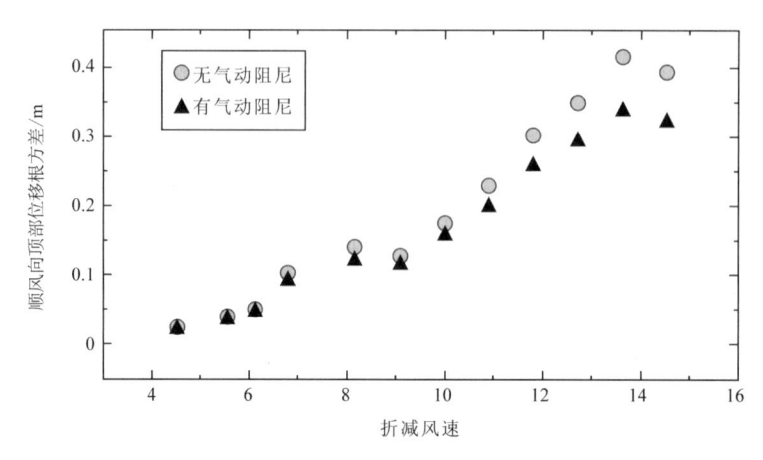

图 2.11　未考虑和考虑气动阻尼比的顺风向顶部位移根方差对比

2.5　本章小结

本章阐述了顺风向脉动风荷载模拟方法和高层建筑随机振动基本理论，系统研究了基于不同风谱的脉动风荷载时程模拟和顺风向气动阻尼比在随机振动过程中对加速度响应的影响，主要的研究内容如下。

（1）研究了三个典型风谱在脉动风模拟过程中的应用。在高频段达文波特谱会高估顺风向加速度响应约37%；卡曼谱会低估顺风向加速度响应约21%。冯·卡门谱与我国荷载规范中的加速度根方差、UND 数据库中的加速度根方差吻合得较好，计算结果基本一致。

（2）研究了考虑气动阻尼比下的结构振动加速度。与不考虑气动阻尼比相比，随着折减风速的增加，加速度极大值、极小值和根方差都有一定程度的减小，加速度极大值（代表顺风向）减小幅度大于极小值（代表反方向）；极大值减小 1%～17%，根方差减小 5%～16%。

（3）研究了考虑气动阻尼比下的结构振动位移。顺风向顶部位移均值为脉动风背景分量作用下响应，以顺风向（正向）位移为主，且随折减风速增加而增大，气动阻尼比对顶部位移均值几乎没有影响。与不考虑气动阻尼比相比，随着折减风速的增加，位移极大值、极小值和根方差都有一定程度的减小，极大值减小 3%～10%，根方差减小 5%～20%。

第 3 章

高层建筑横风向脉动风力模拟研究

已有研究表明：当建筑高宽比 $H/\sqrt{BD} \geqslant 4$ 时，结构横风向响应往往会超过结构顺风向抖振响应。高层建筑在强风下发生涡激振动的可能性很大，结构的安全性和居住的舒适性往往由横风向振动起控制性作用。高层建筑横风向振动机理较为复杂，横风向气动力主要由结构两侧的风压共同作用。气流会在迎风面边缘发生分离，两侧的风压位于尾流区，随着旋涡在尾流区不断周期性脱落，横风向气动力也呈周期性变化，而旋涡脱落的特征与高层建筑的几何尺寸、脉动风湍流特征有关。横风向气动力大致由两部分组成（Vickery and Basu，1983；Simiu and Yeo，2019）：①结构不发生变形时，尾流中旋涡脱落引起的风压和横风向紊流引起的风压；②建筑位移与周围流场相互作用所引起的附加气动力。当来流风速达到临界风速时，结构会发生"锁定"现象，而涡激气动力与结构的运动相关性较强。目前，研究高层建筑横风向气动响应时主要依靠大气边界风洞试验（Saunders and Melbourne，1975；Marukawa et al.，1992；Melbourne and Cheung，1988；Kareem，1982，1990；顾明和叶丰，2006）和基于随机振动理论的横风向响应分析方法（Kareem，1984；Kwok and Melbourne，1981；Islam et al.，1990；Solari，1989；Piccardo and Solari，1998）。而近些年发展起来的流固耦合数值模拟技术（叶辉等，2016；孟令兵和昂海松，2014）已成为结构风工程领域的研究热点之一，但流固耦合的计算精度对网格精度、边界层厚度、计算时间步长、流固耦合界面耦合算法较为敏感，实际中应用难度很大。

当计算过程中存在几何非线性、材料非线性而需要考虑结构振动与控制或结构局部疲劳分析时，需要在时域内研究横风向激励对建筑结构的影响。目前，基于随机振动理论的高层建筑横风向脉动激励模拟方法主要有：①采用横风向脉动风压谱（潘东民，2016），该方法与顺风向脉动风压模拟采取相同的数值方法，由于作用在建筑表面的顺风向脉动风压与横风向脉动风压的作用机理不同，通过顺风向振动理论计算结构横风向响应较困难；②将横风向气动力谱转化为横风向脉动力时程（葛楠等，2006），其计算过程主要基于风洞试验所得到的气动力谱，因此其计算结果与风洞试验数据具有一定的吻合度，但该方法并未考虑楼层质量分布对楼层横风向激励的影响。在前人的研究基础上，本章提出一种改进的矩形高层建筑横风向脉动激励模拟方法，用于研究时域内的横风向结构振动响应（孙业华等，2018）。

3.1 高层建筑横风向结构运动方程

高层建筑的质量和刚度在空间上沿高度分布，属于一维竖向弯曲悬臂结构，高度 z 处的横风向运动位移 $u_L(z,t)$ 可表示为

$$u_L(z,t) = \sum_{j=1}^{\infty} u_{Lj}(z,t) = \sum_{j=1}^{\infty} \phi_j(z) q_j(t) \tag{3.1}$$

式中，$q_j(t)$ 为第 j 阶模态的广义位移；$\phi_j(z)$ 为第 j 阶模态的振型坐标。

在横风向涡激脉动力作用下，采用振型正交分解法，假定阻尼比满足正交条件，黏滞阻尼器附加阻尼比忽略非正交项，则高层结构的第 j 阶振型的横风向振动控制方程可表示为（黄本才和汪丛军，2008）：

$$\ddot{q}_j(t) + 2(\zeta_{sj} + \zeta_{dj})\omega_j \dot{q}_j(t) + \omega_j^2 q_j(t) = P_{Lj}(t) \quad (3.2)$$

式中，ζ_{sj} 为第 j 阶模态对应的结构阻尼比；ζ_{dj} 为阻尼器附加在结构上的第 j 阶振型阻尼比，详见式（2.15）和式（2.16）；ω_j 为结构第 j 阶模态对应的自振角频率。

横风向脉动激励荷载可表示为

$$P_{Lj}(t) = \frac{1}{m_j} \int_0^H p_L(z,t) \phi_j(z) \mathrm{d}z \quad (3.3)$$

式中，$p_L(z,t)$ 为单位高度气动荷载；m_j 表示第 j 阶模态下的广义质量，可表示为

$$m_j = \int_0^H m(z) \phi_{yj}^2(z) \mathrm{d}z \quad (3.4)$$

式中，$m(z)$ 为建筑高度 z 处单位高度的质量；$\phi_{yj}(z)$ 表示在第 j 阶模态时结构各节点形态。

根据高层建筑刚性隔板假设，每层的位移可以分为三个分量，即沿 X 轴、Z 轴的平动位移和绕 Z 轴转动的角位移。对于大多数建筑，可假设结构的前三阶模态为线性模态，本章仅考虑沿 Y 轴的平动位移，可表示为

$$\phi_j(z) = C_{yj} \frac{z}{H} \quad (3.5)$$

式中，C_{yj} 表示第 j 阶模态下沿 Y 轴平动的影响因子。故横风向脉动激励荷载也可表示为

$$P_j(t) = \frac{1}{m_j} \int_0^H p(z,t) \phi_j(z) \mathrm{d}z = C_{yj} \frac{M_x(t)}{H} \quad (3.6)$$

式中，$M_x(t)$ 为绕 X 轴的基底气动倾覆力矩。

由维纳-辛钦定理可知，第 j 阶模态和第 k 阶模态的广义互谱密度可表示为

$$S_{P_j P_k}(n) = \int_{-\infty}^{\infty} R_{F_j F_k}(x,x',z,z',\tau) \mathrm{e}^{-\mathrm{i}2\pi n\tau} \mathrm{d}\tau = \int_{-\infty}^{\infty} \langle P_j(t) P_k(t+\tau) \rangle \mathrm{e}^{-\mathrm{i}2\pi n\tau} \mathrm{d}\tau \quad (3.7)$$

式中，$R_{P_j P_k}(x,x',z,z',\tau)$ 为第 j 阶振型和第 k 阶振型的广义力互相关函数；$P_j(t)$ 和 $P_k(t)$ 为平稳各态历经过程；$\langle \rangle$ 表示均值。

采用 Deodatis（1996）提出的谐波合成法模拟沿楼层高度分布的横风向脉动激励 $F_j(t)$。谐波合成法将随机过程看作一系列余弦波相互叠加的随机过程，该方法的数学理论简单清晰，为无条件、稳定的方法，虽然计算量较大，但模拟结果较为可靠（罗俊杰和韩大建，2007）。具体的模拟过程，本书已在 2.1 节中做了详细阐述。对于风荷载作用较为敏感的高层建筑，模拟随机脉动激励的准确性直接决定了结构抗风分析的可靠性。对于符合拟定常假设的高层建筑，满足中心极限定理的条件，假设横风向脉动风力符合平稳高斯随机过程。因此，谐波合成法需要解决的关键问题是确定横风向脉动风力自谱和互谱密度函数。

3.2 横风向脉动风力功率谱函数

3.2.1 横风向脉动力自功率谱

假设横风向脉动风力符合平稳高斯随机过程，将沿建筑高度分布的横风向加速度和楼层质量转化为沿楼层高度分布的横风向惯性力谱。矩形截面的建筑物在高度 z 处的横风向气动惯性力谱可表示为

$$P_j(z,n) = m_z a_{Lz} = 1.5 q_H C_L' B \left(\frac{z}{H}\right)^{2\alpha} \left(\frac{z}{H}\right) \sqrt{\frac{\pi F_L(n)}{\zeta_L}} \tag{3.8}$$

式中，m 为建筑物单位高度的质量 (t/m)。

建筑高度 z 处的横风向最大加速度 a_{Lz} 可表示为（AIJ，2015）：

$$a_{Lz} = 3 q_z C_L' \frac{B}{m} \cdot \frac{z}{H} \sqrt{\frac{\pi F_L}{4\zeta_L}} = 3 q_H C_L' \frac{B}{m} \left(\frac{z}{H}\right)^{2\alpha} \left(\frac{z}{H}\right) \sqrt{\frac{\pi F_L}{4\zeta_L}} \tag{3.9}$$

式中，q_z 为沿建筑高度分布的设计风压 (kN/m²)；B 为建筑迎风面宽度 (m)；H 为建筑物高度 (m)；q_H 为建筑物顶部的设计风压 (kN/m²)；α 为地面粗糙度指数；ζ_L 为横风向第一振型结构阻尼比；C_L' 为横风向共振系数，可表示为

$$C_L' = 0.0082(D/B)^3 - 0.071(D/B)^2 + 0.22(D/B) \tag{3.10}$$

横风向风力谱系数与高层建筑横截面和脉动风的特性有关。当建筑深宽比 $D/B < 3$ 时，单个谱峰值出现在风力谱系数旋涡脱落频率 n_{s1} 处，而当 $D/B > 3$ 时，在风力谱系数旋涡脱落频率 n_{s1} 和 n_{s2} 处出现双峰谱值，这是气流从迎风面边缘分离，沿着侧墙面重新附着所导致的流动现象。基于风洞试验统计数据，AIJ（2015）提出了横风向风力谱系数计算公式：

$$F_L = \sum_{j=1}^{N} \frac{4\chi_j(1+0.6\beta_j)}{\pi} \cdot \frac{(n_0/n_{sj})^2}{\left[1-(n_0/n_{sj})^2\right]^2 + 4\beta_j^2(n_0/n_{sj})^2} \tag{3.11a}$$

$$N = \begin{cases} 1 & (D/B < 3) \\ 2 & (D/B \geq 3) \end{cases} \tag{3.11b}$$

$$\begin{cases} \chi_1 = 0.85 \\ \chi_2 = 0.02 \end{cases} \tag{3.11c}$$

式中，n_0 为横风向结构第一振型自振频率；β_j 与横风向风力谱带宽相关的量，与建筑深宽比有关，可表示为

$$\beta_1 = \frac{(D/B)^4}{1.2(D/B)^4 - 1.7(D/B)^2 + 21} + \frac{0.12}{D/B} \tag{3.12}$$

$$\beta_2 = 0.28(D/B)^{-0.34} \tag{3.13}$$

n_{si} 为峰值频率，取决于建筑深宽比（D/B），可表示为

$$n_{s1} = \frac{0.12}{\left[1+0.38(D/B)^2\right]^{0.89}} \cdot \frac{U_H}{B} \tag{3.14}$$

$$n_{s2} = \frac{0.56}{(D/B)^{0.85}} \cdot \frac{U_H}{B} \tag{3.15}$$

横风向风力谱在高频段与风洞试验统计数据吻合得较好，建筑物横风向第一振型自振频率 n_0 通常高于风力谱系数旋涡脱落频率 n_{s1}，且处于横风向风力谱高频段。因此，采用上述横风向风力谱系数合适。

3.2.2 横风向脉动力互功率谱

通常高层建筑的高宽比较大，与水平相关性相比，其竖向相关性对于风荷载和结构风振响应更为重要。横风向脉动风力相干函数反应了竖向上不同层的脉动风力的线性依赖程度，可表示为（唐意等，2010）：

$$\mathrm{coh}(z,z') = \exp[-(a_1\Delta)^{a_2}], \quad \Delta = (|z-z'|/B) \tag{3.16}$$

式中，z 和 z' 分别表示第 j 层和第 k 层的高度；B 为迎风面建筑投影宽度。

$$a_1 = \begin{cases} 0.4732 - 0.05288\alpha_{\mathrm{wt}} + 0.21363\alpha_{\mathrm{wt}}\alpha_{\mathrm{sr}} - (0.7983+0.10154\alpha_{\mathrm{wt}})\alpha_{\mathrm{sr}}^2 & (\alpha_{\mathrm{sr}} \leq 0.67) \\ 0.26 + 0.11\alpha_{\mathrm{wt}} - 0.029\alpha_{\mathrm{wt}}\alpha_{\mathrm{sr}} - (0.011+0.0023\alpha_{\mathrm{wt}})\alpha_{\mathrm{sr}}^2 - (0.062+0.019\alpha_{\mathrm{wt}})\alpha_{\mathrm{sr}}^{-2} & (\alpha_{\mathrm{sr}} > 0.67) \end{cases} \tag{3.17}$$

$$a_2 = \begin{cases} -3.977 + 0.807\alpha_{\mathrm{wt}} + (19.92 - 2.903\alpha_{\mathrm{wt}})\alpha_{\mathrm{sr}} + (-17.98+2.406\alpha_{\mathrm{wt}})\alpha_{\mathrm{sr}}^2 & (\alpha_{\mathrm{sr}} \leq 0.67) \\ 0.383 + 0.393\alpha_{\mathrm{wt}} - 0.096\alpha_{\mathrm{wt}}\alpha_{\mathrm{sr}} + (0.018+0.00051\alpha_{\mathrm{wt}})\alpha_{\mathrm{sr}}^2 - (0.41-0.173\alpha_{\mathrm{wt}})\alpha_{\mathrm{sr}}^{-2} & (\alpha_{\mathrm{sr}} > 0.67) \end{cases} \tag{3.18}$$

式中，α_{wt} 表示风场类型；α_{sr} 表示建筑深宽比。

将式（3.8）和式（3.16）代入式（3.7），导出沿楼层高度分布的横风向气动力互谱密度函数 $S_{P_jP_k}(n)$，可表示为

$$\begin{aligned} S_{P_jP_k}(z,n) &= \int_{-\infty}^{\infty} \langle P_j(t)P_k(t+\tau) \rangle \mathrm{e}^{-\mathrm{i}2\pi n\tau} \mathrm{d}\tau \\ &= \frac{\overline{m}}{m_{yj}m_{yk}} \int_{-\infty}^{\infty} < \int_0^H \int_0^D 3q_H C_L' B \left(\frac{z}{H}\right)^{2\alpha} \left(\frac{z}{H}\right)^{\beta} \sqrt{\frac{\pi F_L(n)}{4\zeta_L}} \mathrm{d}x\mathrm{d}z \\ &\quad \int_0^H \int_0^D 3q_H C_L' B \left(\frac{z'}{H}\right)^{2\alpha} \left(\frac{z'}{H}\right)^{\beta} \sqrt{\frac{\pi F_L(n)}{4\zeta_L}} \mathrm{d}x'\mathrm{d}z' > \mathrm{e}^{-\mathrm{i}2\pi n\tau} \mathrm{d}\tau \\ &= \frac{2.25\pi q_H^2 C_L'^2 B^2 \overline{m} F_L(n)}{m_{yj}m_{yk}\zeta_L} \int_0^H \int_0^D \int_0^H \int_0^D \left(\frac{z}{H}\right)^{2\alpha} \left(\frac{z'}{H}\right)^{2\alpha} \left(\frac{z}{H}\right)^{\beta} \left(\frac{z'}{H}\right)^{\beta} \mathrm{coh}(z,z')\mathrm{d}x\mathrm{d}z\mathrm{d}x'\mathrm{d}z' \end{aligned}$$

$$= \frac{2.25\pi q_H^2 C_L'^2 B^2 H^2 D^2 \bar{m} F_L(n)}{\zeta_L \int_{H_j}^{H_j+\Delta H} m(z)\left(\frac{z}{H}\right)^{2\beta} \mathrm{d}z \int_{H_k}^{H_k+\Delta H} m(z')\left(\frac{z'}{H}\right)^{2\beta} \mathrm{d}z'} \left(\frac{z}{H}\right)^{2\alpha+\beta} \left(\frac{z'}{H}\right)^{2\alpha+\beta} \mathrm{coh}(z,z') \quad (3.19)$$

式中，第 j 层和第 k 层的集中质量分别表示为 $m_j = \int_{H_j}^{H_j+\Delta H} m(z)\mathrm{d}z$、$m_k = \int_{H_k}^{H_k+\Delta H} m(z')\mathrm{d}z'$；$\bar{m} = \frac{m_j + m_k}{2}$；$\beta$ 为横风向结构第一振型系数。

综上所述，在风向脉动力互谱密度矩阵中，对角元位置上的为自功率谱函数，其他非对角元位置上的为互功率谱函数，根据平稳随机过程的假设，互相关矩阵的非对角元为其对称性的偶函数。将横风向脉动力互谱密度矩阵引入谐波合成法，可生成沿楼层分布的横风向脉动风力时程曲线。

3.3 高层建筑横风向脉动风力时程模拟

3.3.1 结构横风向模态及风场参数

结构模型仍采用英联邦航空咨询理事会提出的矩形截面高层建筑物标准模型（CAARC），具体参数如下：建筑几何高度为 182.88 m，宽度为 45.72 m，进深为 30.48 m；结构型式为框架-核心筒结构，建筑容重为 220 kg/m³，结构的前三阶振型阻尼比按 Kareem（1983）给出的经验公式计算，分别为 0.02、0.02、0.024。结构模态参数见表 3.1。

表 3.1 结构模态参数

模态阶数	1	2	3	4	5	6
结构自振频率 /Hz	0.200	0.204	0.309	0.647	0.688	1.170
模态方向	X	Y	T	Y	X	Y

按我国《建筑结构荷载规范》（GB 50009—2012）的规定，选取国内某地 50 年的基本风压 0.45 kN/m²，10 年一遇的基本风压 0.3 kN/m²，顺风向体型系数为 1.3。由于需要将美国圣母大学（UND）空气动力数据库中的数据与本书的研究结果进行对比，故将我国规范规定的风速换算成美国规范规定的风速，风速的换算过程参见 2.3 节。

3.3.2 横风向气动阻尼比

建筑物的横风向振动由尾流中旋涡的周期性脱落所致，当临界涡脱频率由结构的某一基本频率来控制时，将产生"锁定"现象，结构振动响应将不断增大，建筑的运动与作用在结构上的动力风荷载之间相互作用，产生自激力，进而引起结构的气弹失稳现象。

横风向气动阻尼常以负阻尼形式出现，会导致结构产生非稳态自激振动。因此，横风向气动阻尼比在风致振动分析中非常重要。结构总阻尼比由结构阻尼比 ζ_s 和气动阻尼比 ζ_a 组成。Cheng 等（2002）研究了方形截面高层建筑在横风向条件下出现的气动稳定、气动不稳定、气动发散结构动力行为及相应的出现条件，并提出用质量阻尼系数 M_D 区分高层建筑的气弹振动行为：

$$M_D = \frac{\int_0^H m(z)\phi^2(z)\mathrm{d}z}{\int_0^H \phi^2(z)\mathrm{d}z} \cdot \frac{\zeta_s}{\rho_a D^2} \qquad (3.20)$$

式中，ζ_s 为结构阻尼比；ρ_a 为空气密度，取 1.25 kg/m³；D 为建筑进深(m)；$\phi(z)$ 为模态坐标；$m(z)$ 为建筑高度 z 处单位高度的质量。

风洞试验测量得到的 M_D 的取值区间为 [0.59, 10.02]，但本书研究的模型其 M_D 接近 2.76，因此选取 $2.76 \leq M_D \leq 5.82$，而高层建筑结构处于气动非稳定区域，横风向气动阻尼比经验公式为（Cheng et al., 2002; Zhang et al., 2015）

$$\zeta_a^{(L)} = -0.015 \exp\left[\frac{M_D - 1.6}{10}(U_r - 11)^2\right] \qquad (3.21)$$

式中，U_r 为折减风速，可表示为

$$U_r = V_H / f_0 \sqrt{BD} \qquad (3.22)$$

式中，V_H 为建筑顶部风速 (m/s)；f_0 为横风向结构基本频率 (Hz)。

横风向气动阻尼比见表 3.2。

表 3.2 横风向气动阻尼比

基本风速 /(m/s)	建筑顶部风速 /(m/s)	折减风速	气动阻尼比	总阻尼比
21.90	33.87	4.54	0	0.0200
26.82	41.49	5.56	0	0.0200
29.66	45.87	6.14	0	0.0200
32.85	50.81	6.80	0	0.0200
39.42	60.97	8.16	−0.0009	0.0191
43.80	67.74	9.07	−0.0045	0.0155
48.18	74.51	9.98	−0.0113	0.0087
52.56	81.29	10.89	−0.0150	0.0050
56.94	88.06	11.80	−0.0104	0.0096
61.32	94.84	12.70	−0.0038	0.0162
65.70	101.61	13.61	0	0.0200
70.08	108.384	14.51	0	0.0200

注：横风向结构基本频率取 0.2 Hz，混凝土结构阻尼比取 0.02。

从图 3.1 中可以看出，横风向气动阻尼比在整个区段始终保持为非正值，且随着折减风速（U_r）增大而呈 "V" 字形变化。在 $U_r < 8$ 的区段，横风向气动阻尼比变化较小，在临界折减风速 $U_r = 10.89$ 处，横风向气动阻尼比出现明显的负峰值（−0.015）；在临

界折减风速 $U_r > 14$ 的区段，其幅值逐渐趋于 0。因此，横风向气动阻尼会减小结构系统阻尼，增大结构振动响应。特别是在临界折减风速 $U_r = 10.89$ 处，结构总阻尼比由 0.020 降至 0.005，这是由涡脱共振现象造成的。在强风下如果未考虑结构横风向气动阻尼，则结构风振响应计算结果将偏小。

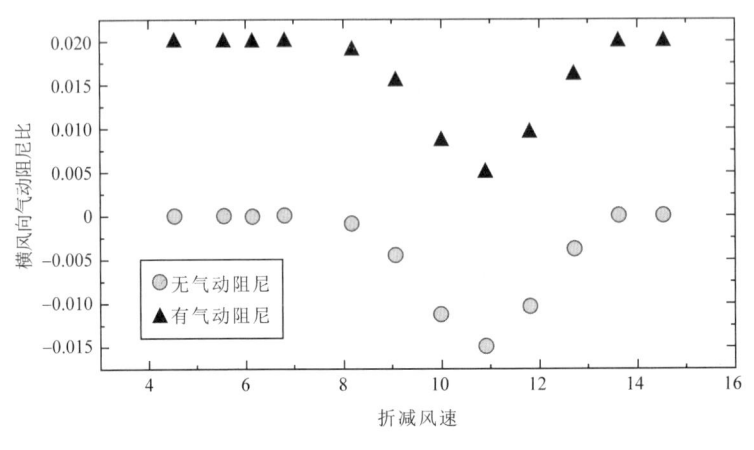

图 3.1 横风向气动阻尼比

3.3.3 横风向脉动风力时程模拟

每次模拟的脉动风力时程只是随机过程中的一个样本，单个样本不具备代表性，需要模拟得到多个样本并对其进行统计分析。选取的高层结构模型为多质点模型，为保证计算结果的可靠性，样本随机模拟过程不少于 10 次。

图 3.2 给出了模拟得到的建筑顶部横风向脉动风力时程曲线和功率谱对比结果，其中脉动风力为单位高度的风荷载，目标功率谱为横风向气动惯性力谱，模拟功率谱为本书模拟得到的脉动风力功率谱。可以看出，模拟功率谱与目标功率谱的吻合程度较高，呈现出风力谱的单峰值特性，而不同随机过程得到的样本存在差异，说明本书提出的横风向脉动风力数值模拟方法是有效的。

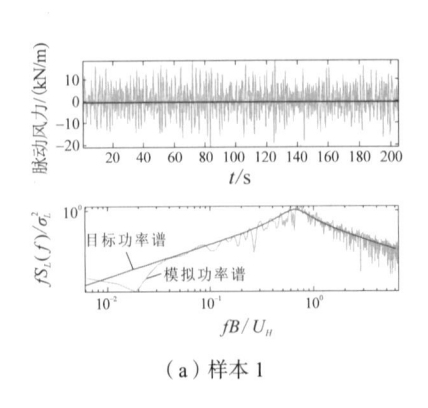

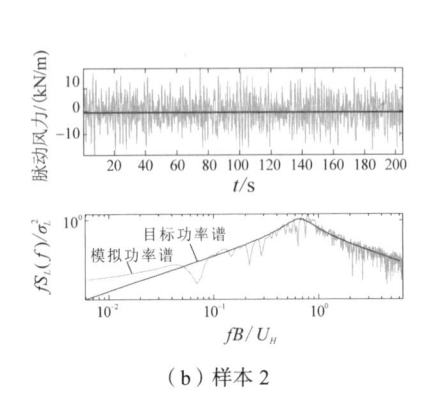

(a) 样本 1　　　　　　　　　　(b) 样本 2

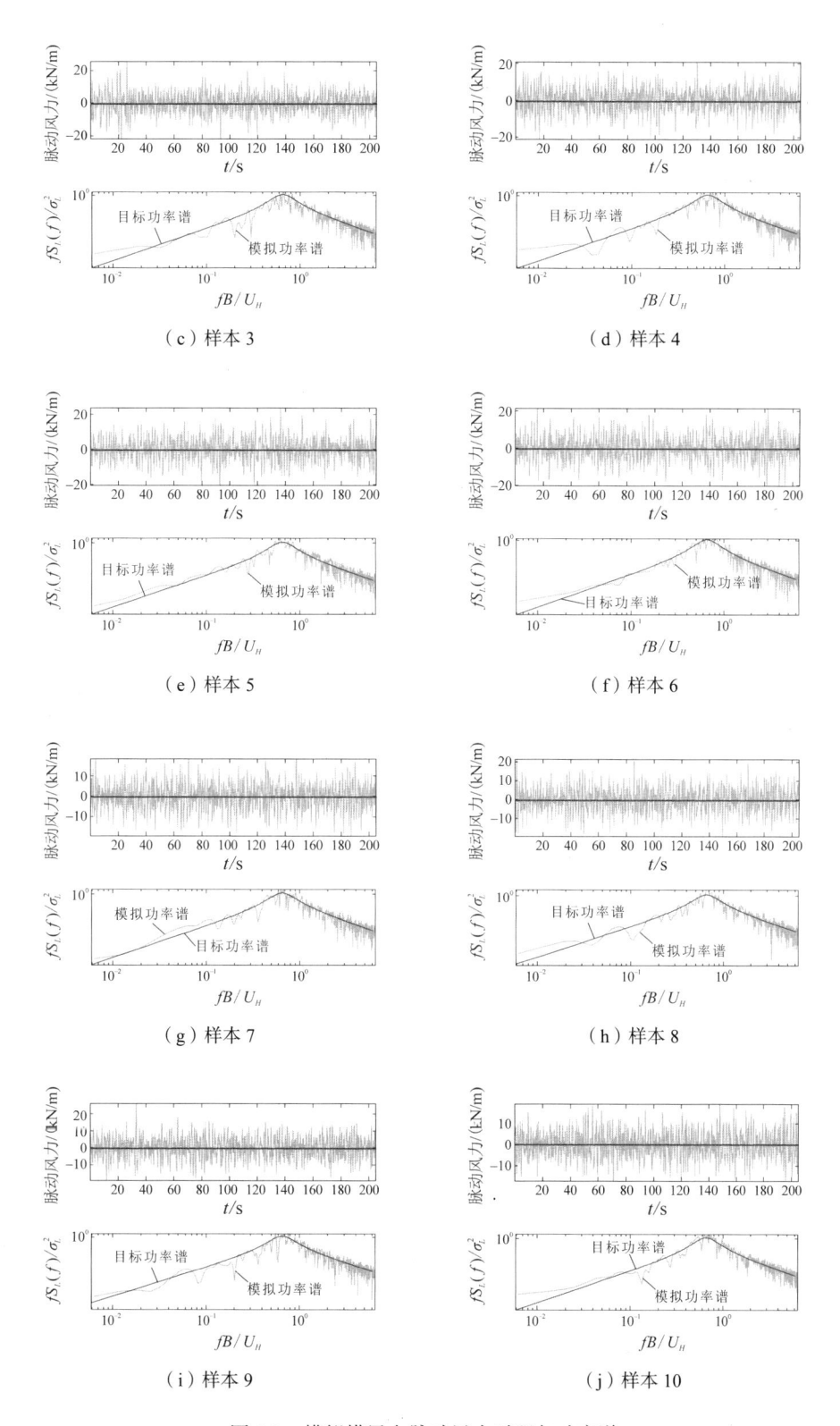

图 3.2 模拟横风向脉动风力时程与功率谱

图（a）～图（j）中，上图均为对应样本的横风向脉动风力时程曲线，下图均为对应样本的功率谱对比图

3.4　高层建筑横风向加速度响应分析

3.4.1　横风向加速度响应统计分析

从图 3.3 中可以看出，横风向加速度响应也为随机过程，脉动时程模拟过程中由于受到能量分布的影响，结构加速度响应有一定的差异。从表 3.3 中可以看出，横风向风振加速度的均值趋近 0，根方差平均值为 0.037 m/s²，与根方差最大值和最小值的偏差为 −12%～6%。选取的样本数量越多，越能保证计算结果的可靠度。表 3.3 也给出了偏度和峰度的统计结果，偏度为三阶中心距，算例样本统计偏度均在 0.15 以内；峰度为四阶中心距，算例样本统计峰度均在 2.8～3.2 范围内，基本符合标准的高斯分布（偏度为 0，峰度为 3）。

将前述的建筑几何参数、模态参数以及风场参数输入 UND 空气动力数据库中，可计算得到 10 年一遇的基本风压所引起的横风向加速度根方差为 0.0408 m/s²。本书提出的模拟方法计算得到的加速度平均值低于 UND 数据库中的数据约 10%，偏差为 −20%～−3.5%，总体上看是一致的，计算结果较为可靠。

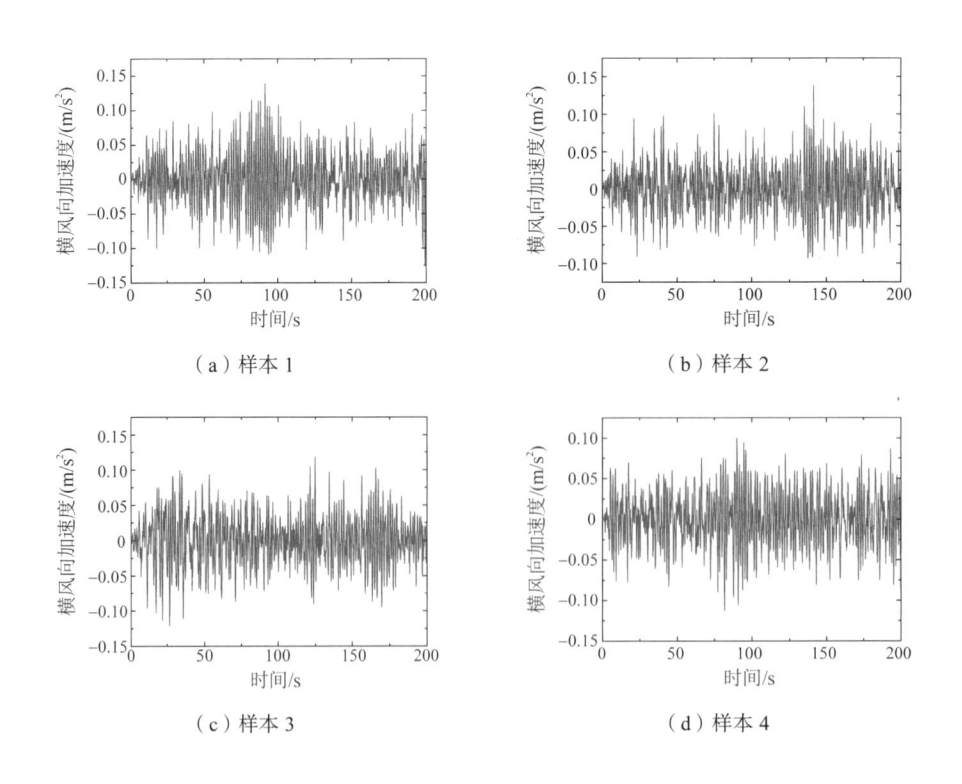

（a）样本 1

（b）样本 2

（c）样本 3

（d）样本 4

(e)样本 5　　　　　　　　　　　　(f)样本 6

(g)样本 7　　　　　　　　　　　　(h)样本 8

(i)样本 9　　　　　　　　　　　　(j)样本 10

图 3.3　横风向加速度响应曲线

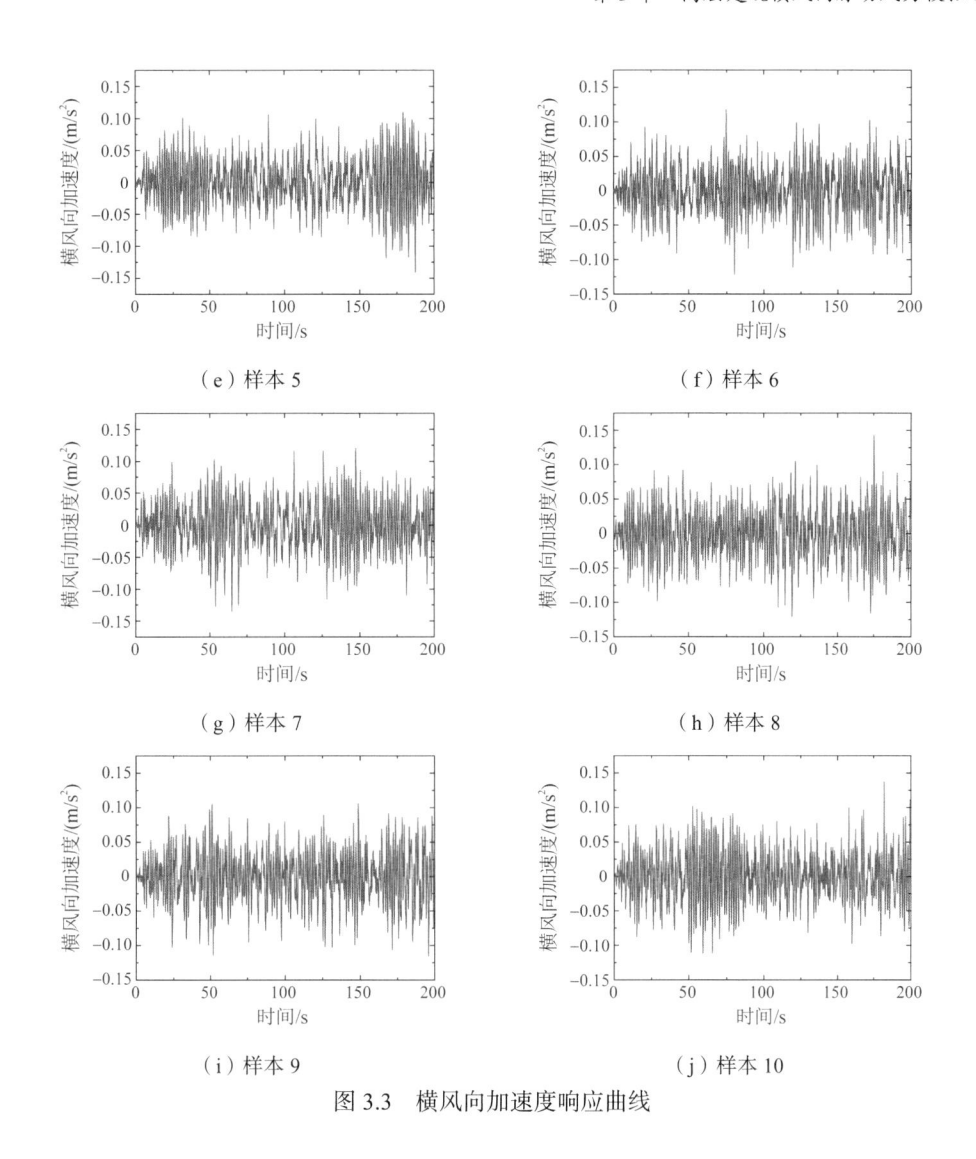

表 3.3　横风向加速度统计结果

时程样本	样本容量	极小值/(m/s²)	极大值/(m/s²)	均值/(m/s²)	根方差/(m/s²)	偏度	峰度
样本 1	2048	−0.1242	0.1389	−0.0001	0.0393	0.028	3.165
样本 2	2048	−0.0937	0.1384	0.0001	0.0337	0.146	3.282
样本 3	2048	−0.1221	0.1183	−0.0001	0.0356	−0.084	3.144
样本 4	2048	−0.1131	0.1001	0	0.0329	−0.118	2.883
样本 5	2048	−0.1411	0.1094	0	0.0390	−0.038	2.933
样本 6	2048	−0.1217	0.1179	0	0.0359	−0.088	2.901
样本 7	2048	−0.1353	0.1208	−0.0001	0.0391	−0.103	2.956
样本 8	2048	−0.1213	0.1433	−0.0001	0.0381	−0.055	2.904
样本 9	2048	−0.1155	0.1238	0.0001	0.0390	−0.128	2.905
样本 10	2048	−0.1118	0.1376	0	0.0374	0.040	2.837

3.4.2 黏滞阻尼器的结构加速度响应统计分析

黏滞阻尼器属于速度型阻尼器，能够为结构提供较大的附加阻尼和有效减少结构振动。由于黏滞阻尼器所提供的附加刚度较小，结构固有频率变化有限，对地震作用影响也不大，因此在结构抗风设计领域备受关注。在进行结构抗风设计时，通常将黏滞阻尼器安装在最大层间位移角所在的楼层。而高层建筑层间位移角最大的楼层约在竖向高度 $\frac{2}{3}H$ 处。本章选取的黏滞阻尼器的工作参数如下：阻尼系数为 600 kN(mm/s)^a，速度指数 a 取 0.15，阻尼器出力约为 1000 kN。为研究在横风向脉动风力条件下结构的减振效果，分别对比未设置黏滞阻尼器和设置黏滞阻尼器的情况。

从表 3.4 中可以看出，考虑黏滞阻尼器时的横风向风振加速度与未考虑黏滞阻尼器时的基本相同，均值趋近 0。考虑黏滞阻尼器时横风向风振加速度根方差平均值为 0.0307 m/s^2，与未考虑黏滞阻尼器时相比，降低约 17%。表 3.4 也给出了偏度和峰度的统计结果，样本统计偏度均在 0.2 以内，样本统计峰度均在 2.6～3.3 范围内，基本符合标准的高斯分布（偏度为 0，峰度为 3）。

表 3.4 考虑黏滞阻尼器的横风向加速度统计结果

时程样本	样本容量	极小值/(m/s^2)	极大值/(m/s^2)	均值/(m/s^2)	根方差/(m/s^2)	偏度	峰度
样本 1	2048	−0.10657	0.08979	−0.00011	0.02885	−0.018	3.038
样本 2	2048	−0.08423	0.10991	0.00003	0.03024	0.049	2.689
样本 3	2048	−0.10225	0.08788	−0.00003	0.02831	−0.071	3.102
样本 4	2048	−0.10486	0.09331	0.00003	0.03009	−0.138	2.891
样本 5	2048	−0.10154	0.09431	0.00005	0.03265	−0.117	2.767
样本 6	2048	−0.12099	0.09173	−0.00007	0.03199	−0.057	3.008
样本 7	2048	−0.10024	0.11946	−0.00010	0.02960	−0.180	3.211
样本 8	2048	−0.10773	0.11513	−0.00004	0.03329	0.014	2.998
样本 9	2048	−0.10074	0.09715	0.00015	0.03287	−0.200	2.829
样本 10	2048	−0.09473	0.09138	−0.00007	0.02953	−0.003	2.796

由图 3.4～图 3.6 和表 3.5 可以得出：①前两阶模态频率对横风向加速度的贡献约占 80%，第 2 阶频率对加速度响应的影响较大，第 2 阶频率所对应的功率谱峰值平均占比约为 45.4%，且在第 2 阶频率的峰值处，结构的加速度根方差也出现较大值，表明不仅基本频率主导了结构的响应，结构的第 2 阶振型对结构的振动贡献也较大；②结构增设黏滞阻尼器时，第 2 阶频率的峰值略有所增加，说明黏滞阻尼器有效地参与了结构的振动过程，但结构整体刚度的增大幅度有限；③黏滞阻尼器增加了结构的总阻尼，第 2 阶频率对应的功率谱峰值较未设置阻尼器时降低了约 43.1%，结构横风向加速度得到了有效的控制。

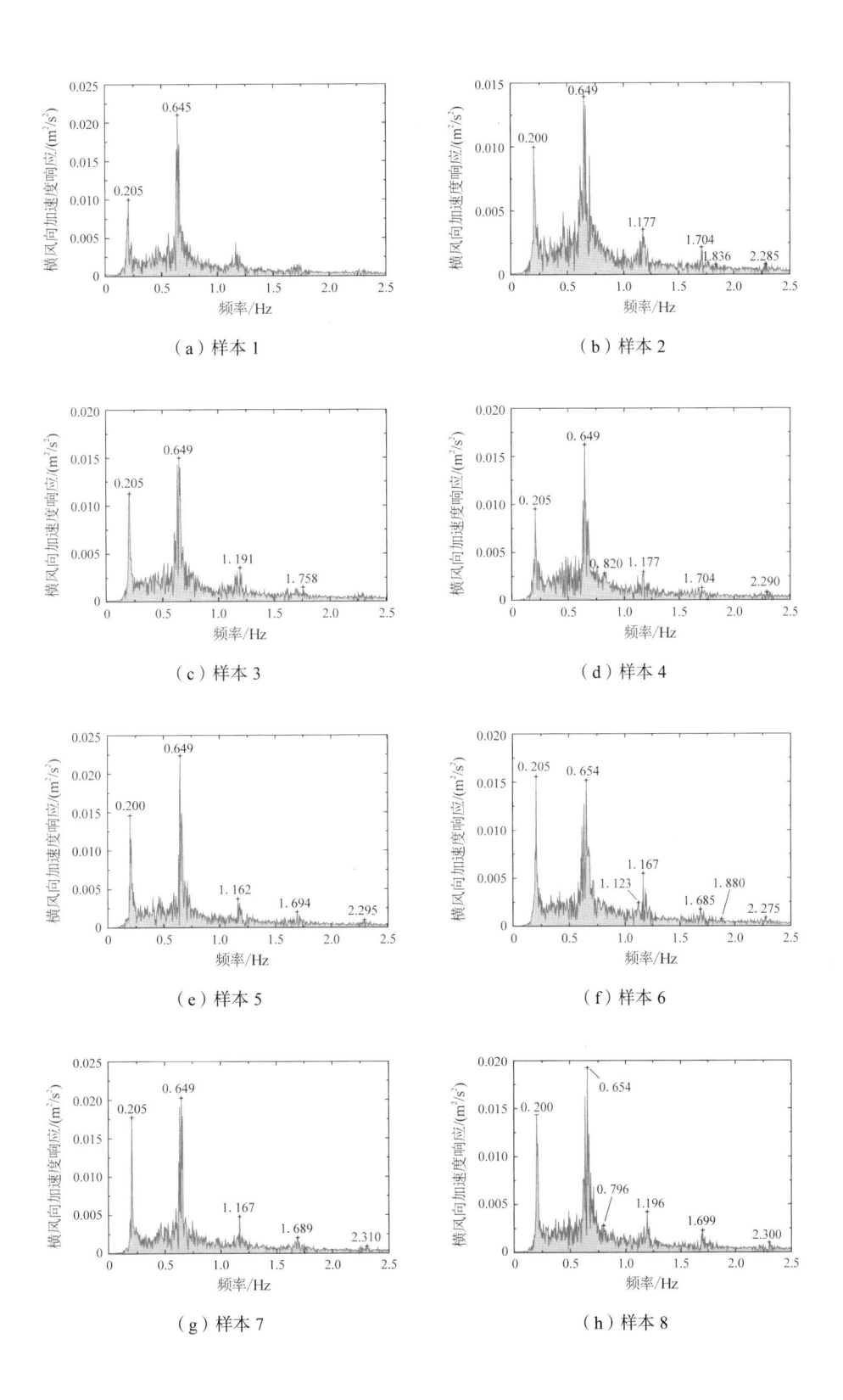

第 3 章　高层建筑横风向脉动风力模拟研究

(a) 样本 1

(b) 样本 2

(c) 样本 3

(d) 样本 4

(e) 样本 5

(f) 样本 6

(g) 样本 7

(h) 样本 8

(i) 样本 9　　　　　　　　　　　　　　(j) 样本 10

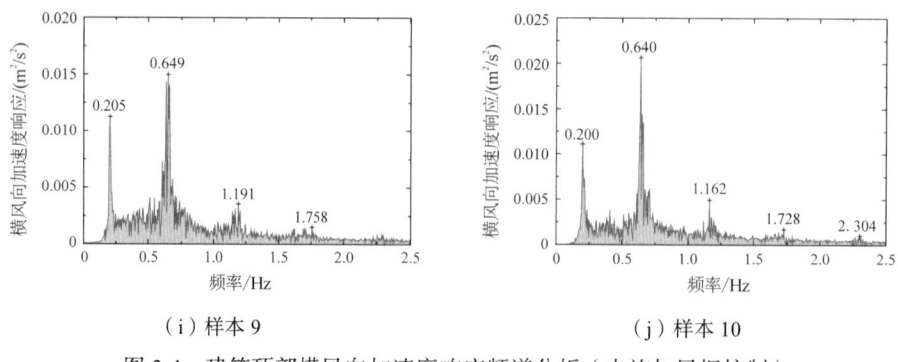

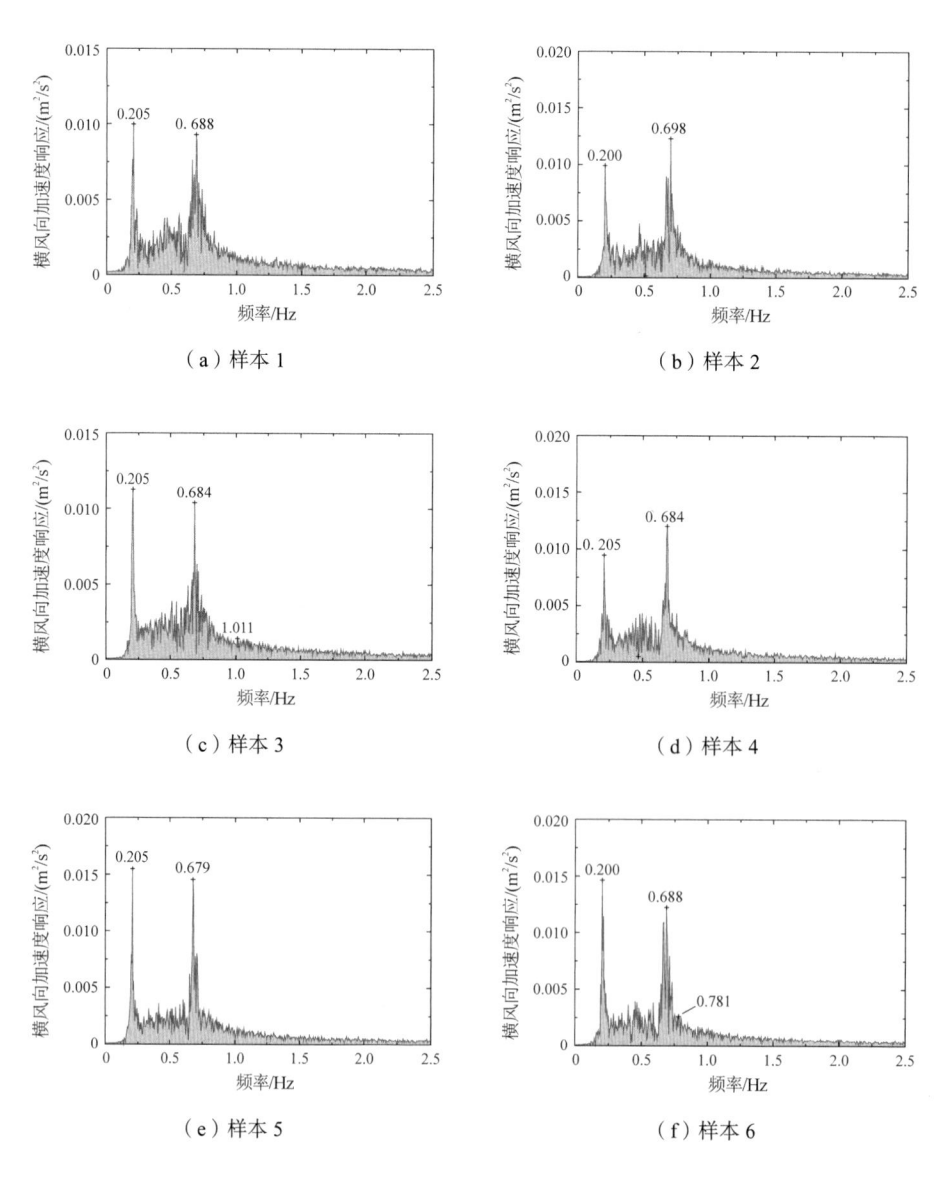

图 3.4　建筑顶部横风向加速度响应频谱分析（未施加风振控制）

(a) 样本 1　　　　　　　　　　　　　　(b) 样本 2

(c) 样本 3　　　　　　　　　　　　　　(d) 样本 4

(e) 样本 5　　　　　　　　　　　　　　(f) 样本 6

（g）样本 7　　　　　　　　　　　　（h）样本 8

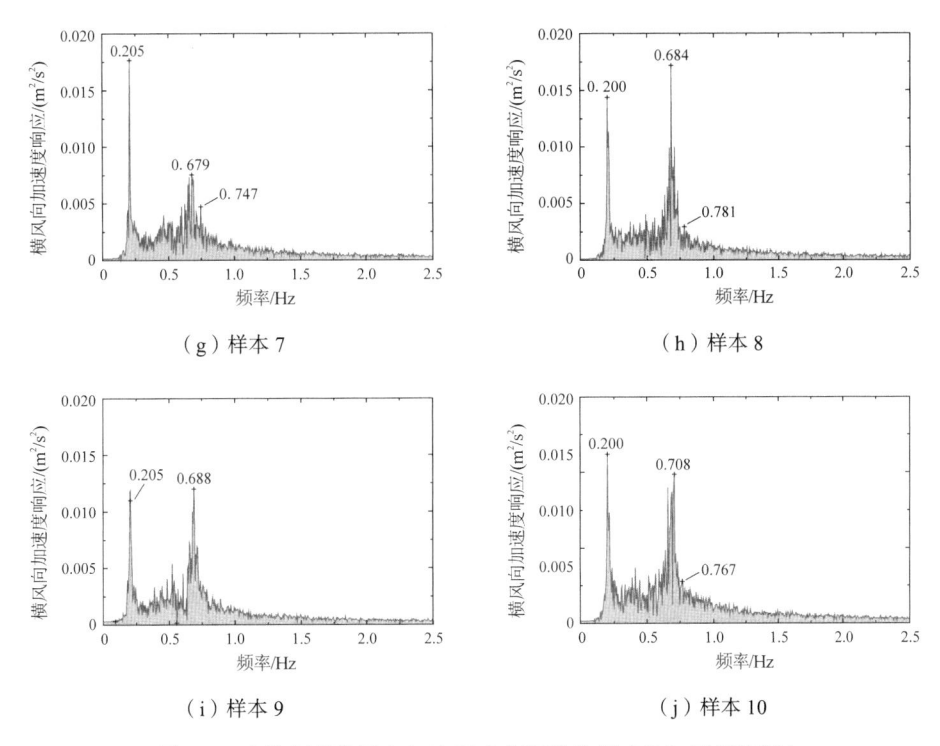

（i）样本 9　　　　　　　　　　　　（j）样本 10

图 3.5　建筑顶部横风向加速度响应频谱分析（施加风振控制）

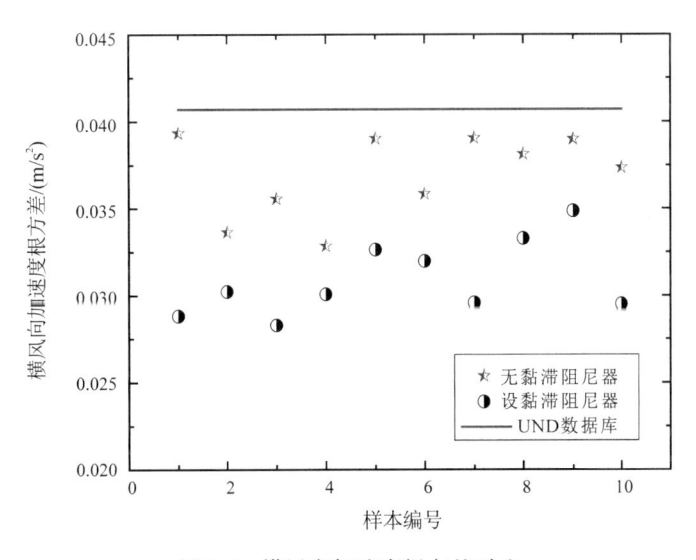

图 3.6　横风向加速度根方差对比

表 3.5　与设置黏滞阻尼器的横风向加速度频谱峰值对比

		样本1	样本2	样本3	样本4	样本5	样本6	样本7	样本8	样本9	样本10
无阻尼器的结构	第一频率/Hz	0.205	0.200	0.205	0.205	0.200	0.205	0.205	0.200	0.205	0.200
	谱值/(m²/s³)	0.010	0.010	0.011	0.009	0.015	0.016	0.018	0.014	0.011	0.011
	第二频率/Hz	0.645	0.649	0.649	0.649	0.649	0.654	0.649	0.654	0.649	0.640
	谱值/(m²/s³)	0.021	0.014	0.015	0.016	0.022	0.015	0.020	0.019	0.016	0.021
设置阻尼器的结构	第一频率/Hz	0.205	0.200	0.205	0.205	0.205	0.200	0.205	0.200	0.205	0.200
	谱值/(m²/s³)	0.010	0.010	0.012	0.008	0.015	0.014	0.018	0.014	0.011	0.011
	第二频率/Hz	0.688	0.698	0.684	0.684	0.679	0.688	0.679	0.684	0.688	0.708
	谱值/(m²/s³)	0.009	0.012	0.011	0.012	0.015	0.012	0.008	0.016	0.012	0.010

3.4.3　横风向气动阻尼比的影响

1. 气动阻尼比的横风向加速度统计分析

从表 3.6 和表 3.7 中可以看出,横风向风振加速度的均值趋近 0,根方差随折减风速的增加而增大,偏度和峰度变化不大,基本符合标准的高斯分布(偏度为 0,峰度为 3)。考虑气动阻尼比后,横风向加速度基本上没有变化(图 3.7)。究其原因,可能是结构受到尾流旋涡脱落频率影响,当受迫振动达到稳定状态后,结构振动频率与涡脱频率保持一致,其与结构的固有频率无关,受结构总阻尼比的影响较小。

表 3.6　未考虑气动阻尼比的横风向加速度统计结果

折减风速	样本容量	极小值/(m/s²)	极大值/(m/s²)	均值/(m/s²)	根方差/(m/s²)	偏度	峰度
4.54	2048	−0.1242	0.1389	−0.0001	0.0393	0.028	3.165
5.56	2048	−0.2087	0.2468	−0.0002	0.0604	0.047	3.135
6.14	2048	−0.2247	0.2577	0	0.0730	−0.059	3.010
6.80	2048	−0.2675	0.3115	0.0002	0.0914	0.117	2.924
8.16	2048	−0.4144	0.4702	0.0001	0.1185	−0.001	3.390
9.07	2048	−0.4654	0.4860	0.0002	0.1522	−0.035	2.873
9.98	2048	−0.6972	0.6333	0	0.1824	−0.059	3.001
10.89	2048	−0.8296	0.8081	−0.0004	0.2282	−0.055	3.171
11.80	2048	−0.8213	0.9078	0.0001	0.2509	0.060	3.132
12.70	2048	−1.1126	1.0724	0.0005	0.3018	−0.013	3.113
13.61	2048	−1.0510	1.0248	−0.0001	0.3444	−0.007	2.808
14.51	2048	−1.3692	1.4461	−0.0001	0.3969	0.001	3.149

表 3.7　考虑气动阻尼比的横风向加速度统计结果

折减风速	样本容量	极小值/(m/s²)	极大值/(m/s²)	均值/(m/s²)	根方差/(m/s²)	偏度	峰度
4.54	2048	−0.1242	0.1389	−0.0001	0.0393	0.028	3.165
5.56	2048	−0.2087	0.2468	−0.0002	0.0604	0.047	3.135
6.14	2048	−0.2247	0.2577	0	0.0730	−0.059	3.010
6.80	2048	−0.2675	0.3115	0.0002	0.0914	0.117	2.924

续表

折减风速	样本容量	极小值/(m/s²)	极大值/(m/s²)	均值/(m/s²)	根方差/(m/s²)	偏度	峰度
8.16	2048	−0.4153	0.4708	0.0001	0.1186	0.000	3.390
9.07	2048	−0.4677	0.4920	0.0002	0.1528	−0.039	2.882
9.98	2048	−0.7261	0.6474	0	0.1863	−0.072	3.033
10.89	2048	−0.8683	0.8176	−0.0003	0.2321	−0.047	3.175
11.80	2048	−0.8251	0.9050	0.0001	0.2543	0.053	3.108
12.70	2048	−1.1119	1.0831	0.0006	0.3022	−0.012	3.111
13.61	2048	−1.0510	1.0248	−0.0001	0.3444	−0.007	2.808
14.51	2048	−1.3692	1.4461	−0.0001	0.3969	0.001	3.149

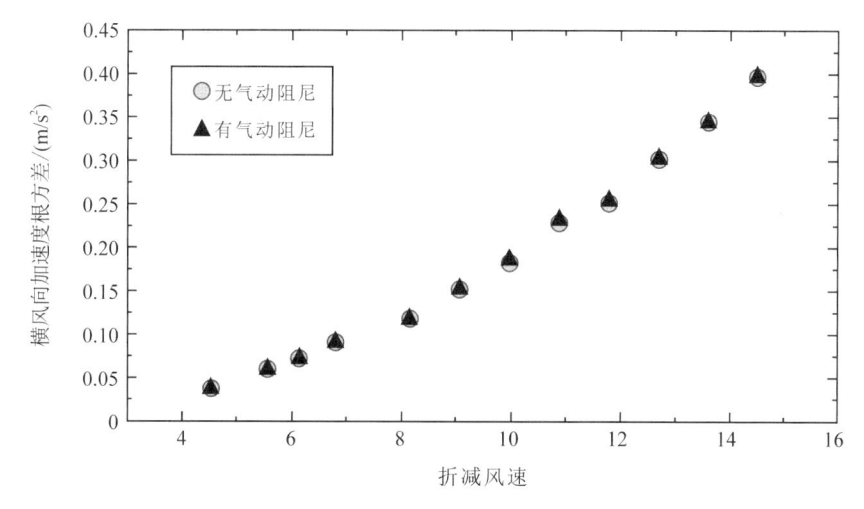

图 3.7 未考虑和考虑气动阻尼比的横风向加速度根方差对比

2. 气动阻尼比的横风向顶部位移统计分析

从表 3.8 和表 3.9 可以看出，横风向顶部位移均值趋近 0，极大值、极小值和根方差随折减风速增加而增大；在考虑气动阻尼比情况下，当折减风速处在 [9.07,12.70] 范围内时，结构振动逐步出现"锁定"现象，结构顶部位移随折减频率先增大后减小（图 3.8）。顶部位移出现峰值时，折减频率约为 10.02，横风向位移根方差较不考虑气动阻尼比下的位移根方差增大约 57.2%，位移极大值增大约 40.7%。对于结构设计而言，这并不安全，应采取有效措施避开该范围的气动效应。

表 3.8 未考虑气动阻尼比的横风向顶部位移统计结果

折减风速	样本容量	极小值/m	极大值/m	均值/m	根方差/m	偏度	峰度
4.54	2048	−0.0241	0.0230	0.0001	0.0085	−0.016	2.545
5.56	2048	−0.0373	0.0344	0.0001	0.0131	−0.006	2.510
6.14	2048	−0.0265	0.0246	0	0.0105	−0.067	2.385

续表

折减风速	样本容量	极小值/m	极大值/m	均值/m	根方差/m	偏度	峰度
6.80	2048	−0.0417	0.0376	0	0.0155	−0.013	2.282
8.16	2048	−0.0619	0.0556	0	0.0178	−0.026	3.599
9.07	2048	−0.0459	0.0477	−0.0001	0.0174	0.024	2.831
9.98	2048	−0.0482	0.0466	0.0001	0.0190	0.019	2.545
10.89	2048	−0.0566	0.0614	0	0.0218	−0.031	2.313
11.80	2048	−0.0642	0.0533	0	0.0227	−0.061	2.586
12.70	2048	−0.0721	0.0732	−0.0001	0.0238	−0.011	3.288
13.61	2048	−0.0629	0.0608	0	0.0210	0.053	2.918
14.51	2048	−0.0766	0.0763	0	0.0245	0.007	3.226

表 3.9　考虑气动阻尼比的横风向顶部位移统计结果

折减风速	样本容量	极小值/m	极大值/m	均值/m	根方差/m	偏度	峰度
4.54	2048	−0.0241	0.0230	0.0001	0.0085	−0.016	2.545
5.56	2048	−0.0373	0.0344	0.0001	0.0131	−0.006	2.510
6.14	2048	−0.0265	0.0246	0	0.0105	−0.067	2.385
6.80	2048	−0.0417	0.0376	0	0.0155	−0.013	2.282
8.16	2048	−0.0625	0.0566	0	0.0182	−0.024	3.555
9.07	2048	−0.0497	0.0530	−0.0001	0.0195	0.027	2.823
9.98	2048	−0.0651	0.0656	0.0001	0.0299	0.016	2.026
10.89	2048	−0.0771	0.0826	−0.0001	0.0340	−0.033	2.283
11.80	2048	−0.0867	0.0746	0	0.0342	−0.037	2.146
12.70	2048	−0.0740	0.0770	−0.0002	0.0257	−0.015	3.268
13.61	2048	−0.0629	0.0608	0	0.0210	0.053	2.918
14.51	2048	−0.0766	0.0763	0	0.0245	0.007	3.226

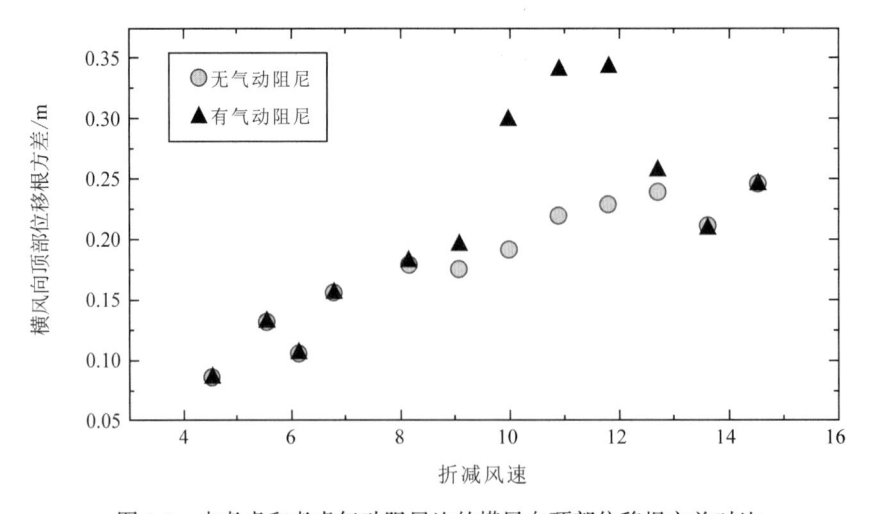

图 3.8　未考虑和考虑气动阻尼比的横风向顶部位移根方差对比

3.5 本章小结

本章提出了一种改进的矩形高层建筑横风向脉动激励模拟方法，考虑了楼层质量分布对建筑横风向脉动激励的影响。本章假定横风向脉动风力为平稳高斯随机过程，基于牛顿第二定理将沿建筑高度分布的横风向加速度和楼层质量转化为沿楼层高度分布的横风向惯性力谱，同时采用谐波合成法生成沿楼层分布的横风向惯性力时程曲线，并将其用于有限元模型中以对高层建筑进行风振时程分析。主要的研究内容和研究结果如下。

（1）横风向脉动风力模拟功率谱与目标功率谱吻合地较好，能够准确反映出横风向风力谱的窄带宽峰特性，表明横风向脉动风力时程数据是准确的；在时域内对高层建筑物 CAARC 模型进行了计算，得到的加速度根方差略小于 UND 数据库中的数据，在统计意义上一致，说明本书提出的方法能够准确预测高层结构风振加速度响应。

（2）研究了结构设置黏滞阻尼器时的横风向加速度响应。在横风向上不仅第 1 阶振型主导结构振动，第 2 阶振型对结构加速度的贡献也较大。增设黏滞阻尼器后，峰值对应的第 2 阶频率略有增大，但结构整体刚度增大幅度有限。黏滞阻尼器会增加结构总阻尼，第 2 阶频率对应的功率谱峰值减小得较为明显。第 2 阶频率对应的功率谱峰值较未设置阻尼器结构系统时的统计值平均降低约 43.1%，因此计算加速度时要考虑高阶振型的影响，至少在该方向上须计算前 2 阶振型。

（3）研究了考虑气动阻尼比时的高层建筑横风向加速度响应。考虑气动阻尼比后，横风向加速度基本上没有变化，可能是结构受尾流旋涡脱落频率的影响。当受迫振动达到稳定状态后，结构振动频率与涡脱频率保持一致，其与结构的固有频率无关，受结构总阻尼比的影响较小。

（4）研究了考虑气动阻尼比时的高层建筑横风向位移响应。在考虑横风向气动阻尼比的情况下，当折减风速处在 [9.07,12.70] 范围内时，随着折减风速的增加，结构振动逐步呈现出"锁定"现象，结构顶部位移先增大后减小。当折减频率约为 10.02 时，顶部位移达到最大横风向位移峰值，较不考虑气动阻尼比时，位移根方差增大约 57.2%，位移极大值增大约 40.7%。对于结构抗风设计而言，这并不安全，应采取有效措施避开该范围的气动效应。

第 4 章

高层建筑扭转向脉动风荷载模拟研究

超高层建筑具有质轻刚柔的特征，对风荷载的作用非常敏感。1926 年美国迈阿密的迈耶-凯泽大楼在强风作用下发生结构扭转振动，导致承重的钢框架因发生塑性变形而造成结构严重损毁的事故（Simiu and Yeo，2019），由此引起了工程界对建筑风致扭转振动的广泛关注。结构的扭转振动不仅会降低居住的舒适性，还会影响结构的安全性和稳定性。基于风致振动原理分析，扭转向风荷载通常由建筑物横风向紊流和建筑尾流区旋涡脱落共同作用所致（Solari，1986），其中迎风面气流分离和再附着所引起的周期性扭转振动现象较为明显（Thepmongkorn and Kwok，2002），此外还受建筑物外形和截面尺寸的影响（Tamura et al.，1996；梁枢果等，1991），同时与邻近建筑的干扰效应（余先锋等，2015）、结构的偏心效应（Foutch and Safak，1981；Kareem，1985）、结构平扭振型的耦合效应（Kareem，1985；Liang et al.，1997；梁枢果，1998）也有着密切关系。通过风洞试验，Kanda 和 Choi（1992）研究了矩形截面高层建筑模型，得出了扭转向风谱具有两个峰值的结论。近些年，国内学者也开展了有关矩形建筑风致脉动扭矩数学模型（梁枢果等，2003；肖天鉴等，2003；唐意等，2009）和矩形建筑基底扭矩功率谱数学模型（李永贵，2012；李永贵等，2015）的研究。已有的研究成果表明，扭转向风谱会随建筑深宽比变化（唐意等，2007b）：①当深宽比小于 1 时，折减频率在斯托哈罗数附近出现窄带宽的谱峰值，这是由尾流区旋涡有规律地脱落所致；②当深宽比等于 1 时，窄带宽的谱峰消失，出现宽带宽的双谱峰值，这主要是由迎风面边缘气流分离并在建筑侧面再附着所引起的不平衡力所致；③当深宽比大于 1 时，低频段谱峰带宽逐渐增加，高频段谱峰带宽不断减小，谱峰值相互接近，说明建筑尾流区旋涡的规律性脱落减弱，气流的再附着增强。

由于高层建筑风致扭转振动产生机理复杂，扭转向风荷载的研究成果比顺风向和横风向风荷载的少，而国内外规范中的扭转向风荷载计算方法有所差别。AIJ（2015）在风洞试验的基础上，给出了扭转向风荷载的等效计算方法及建筑顶层扭转向加速度的简化计算方法。我国《建筑结构荷载规范》（GB 5009—2012）给出了等效扭转向风荷载的计算公式，扭矩谱能量因子需要通过建筑深宽比和扭转折减频率插值确定。随着大量消能减振设备应用于高层建筑，亟待在时域内研究高层建筑风致扭转振动，而脉动扭矩激励模拟则是需要解决的首要问题。葛楠等（2007）采用顺风向和横风向风速谱模拟了水平方向的脉动风力，计算了建筑的扭转响应；采用广义扭矩功率谱密度公式，在频域内研究了高层建筑顶层二阶扭转振动响应。孙业华等（2018）从牛顿第二定理出发，将横风向加速度谱和楼层质量转化为沿楼层高度分布的横风向惯性力谱，并采用谐波合成法模拟出沿建筑高度分布的横风向脉动力，用于时域内的高层建筑结构分析。由于计算扭转向风荷载的方法和计算横风向气动力的方法类似（李永贵，2012），本章研究了基于扭矩功率谱的建筑层间扭转角加速度，提出了一种高层建筑风致脉动扭转惯性力矩时程模拟方法（孙业华和宋固全，2019）。

4.1 高层建筑扭转结构振动方程

假定高层建筑的质量和刚度沿高度方向均匀分布,在脉动扭矩作用下采用振型正交分解法,则高层结构高度 z 处第 j 阶振型的振动方程可表示为(黄本才和汪丛军,2008):

$$\ddot{q}_j(t) + 2(\zeta_{sj} + \zeta_{dj})\omega_j \dot{q}_j(t) + \omega_j^2 q_j(t) = T_j(t) \tag{4.1}$$

式中,$q_j(t)$ 为第 j 阶模态的广义位移;ζ_{sj} 为第 j 阶模态对应的扭转阻尼比;ζ_{dj} 为阻尼器附加在结构上的第 j 阶振型的阻尼比;ω_j 为第 j 阶模态对应的自振角频率;$T_j(t)$ 为第 j 阶模态下绕 z 轴的脉动扭矩。

对于大多数高层建筑,可以假设结构的前三阶模态均为线性模态,振型坐标 $\phi_{\theta j}(z)$ 可简化为

$$\phi_{\theta j}(z) = zC_{\theta j} / H \tag{4.2}$$

式中,$C_{\theta j}$ 为第 j 阶模态下绕 z 轴转动的影响因子。

因此,式(4.1)右端可表示为

$$T_j(t) = \frac{1}{m_{\theta j}} \int_0^H f_T(z) \phi_{\theta j}(z) \mathrm{d}z = C_{\theta j} M_T(t) / H \tag{4.3}$$

式中,第 j 阶模态的广义质量可表示为

$$m_{\theta j} = \int_0^H I(z) \phi_{\theta j}^2(z) \mathrm{d}z \tag{4.4}$$

式中,$I(z)$ 为绕 z 轴旋转的单位高度质量惯性矩;$f_T(z)$ 为单位高度扭转气动荷载。

根据维纳-辛钦定理,第 j 阶模态和第 k 阶模态的广义扭矩互谱密度 $S_{T_j T_k}$ 可表示为

$$S_{T_j T_k}(n) = \int_{-\infty}^{\infty} R_{T_j T_k}(x, x', z, z', \tau) \mathrm{d}\tau \mathrm{e}^{-\mathrm{i}2\pi n \tau} \mathrm{d}\tau = \int_{-\infty}^{\infty} \langle T_j(t) T_k(t+\tau) \rangle \mathrm{e}^{-\mathrm{i}2\pi n \tau} \mathrm{d}\tau \tag{4.5}$$

式中,$R_{T_j T_k}$ 为第 j 阶振型和第 k 阶振型的广义扭矩的互相关函数;$T_j(t)$ 和 $T_k(t)$ 为平稳各态历经过程;$\langle\ \rangle$ 表示均值。

根据达朗贝尔原理,将建筑层间转动惯量和扭转角加速度转化成层间扭矩谱,并考虑层间扭矩谱和层间扭转竖向相干函数,采用谐波合成法模拟出沿楼层高度分布的脉动扭矩 $T_j(t)$。对于符合拟定常假设的高层建筑,满足中心极限定理的条件,假设脉动扭矩符合平稳高斯随机过程。脉动扭矩采用谐波合成法模拟时要解决的关键问题是如何求解扭转力矩自功率谱和互谱密度函数。

4.2 脉动扭矩功率谱函数

4.2.1 脉动扭矩自功率谱

通常气动扭矩由建筑表面风压分布的不对称引起，作用在建筑表面的扭转向风荷载和横风向风荷载存在一定的耦合效应。根据达朗贝尔原理，建筑层间惯性扭矩可表示为层间转动惯量和扭转角加速度的乘积：

$$T(z) = -J(z) \times \ddot{\theta}(z) \tag{4.6}$$

式中，层间转动惯量 $J(z)$ 是建筑自身固有的属性。

高层建筑扭转振动是建筑物迎风面、侧面不对称分布的风压及建筑尾流中的旋涡脱落共同作用的结果，计算扭转向风荷载和横风向风荷载的方法类似。参照 AIJ（2015）的横风向风荷载与加速度的关系，建筑高度 z 处层间扭转角加速度表示

$$T_j(z) = 1.8 C_T' q_z \left(\frac{z}{H}\right)^\beta B^2 \sqrt{\frac{\pi S_{M_\theta}(f)}{4\eta_T}} \tag{4.7}$$

式中，C_T' 为扭转共振系数；B 为建筑迎风面宽度 (m)；H 为建筑高度 (m)；β 为结构振型系数；η_T 为扭转第一振型的结构阻尼比；$S_{M_\theta}(f)$ 为基底扭矩功率谱。

结合式（4.6）和式（4.7），沿竖向高度 z 处扭转角加速度计算公式如下：

$$\ddot{\theta}_{jz} = -1.8 C_T' q_z \left(\frac{z}{H}\right)^\beta B^2 \sqrt{\frac{\pi S_{M_\theta}(f)}{4\eta_T}} / J_z = -0.9 C_T' q_H \left(\frac{z}{H}\right)^{2\alpha} \left(\frac{z}{H}\right)^\beta B^2 \sqrt{\frac{\pi S_{M_\theta}(f)}{\eta_T}} / J_z \tag{4.8}$$

式中，α 为地面粗糙度指数；q_H 为建筑物顶部的设计风压 (kN/m²)；J_z 为转动惯量，$J_z = m_z r_m^2$。

将转动惯量（$J_z = m_z r_m^2$）、迎风面面积（$A = B \times H$）和建筑总质量（$M = m \times H$）代入式（4.8），得到建筑顶部扭转角加速度表达式：

$$\ddot{\theta}_z = -0.9 C_T' q_H \frac{AB}{M r_m^2} \sqrt{\frac{\pi S_{M_\theta}(f)}{\eta_T}} \tag{4.9}$$

式中，r_m 为建筑回转半径 (m)，对于矩形截面建筑，有 $r_m = \sqrt{(B^2 + D^2)/12}$；$A$ 为迎风面面积 (m²)；M 为建筑总质量 (t)。

建筑基底扭矩谱通常具有双谱峰特性，峰值所对应的频率和频谱带宽与建筑截面形状及绕流风场的变化有关。唐意等（2009）在风洞试验基础上提出了归一化的基底扭矩功率谱密度函数：

$$\frac{f S_{M_\theta}(f)}{\sigma_{M_\theta}^2} = B_0 \frac{f S_{ST}(f)}{\sigma_{ST}^2} + \sum_{i=1}^{2} B_i \frac{f S_i(f)}{\sigma_i^2} \tag{4.10}$$

式中，$f S_{ST}(f)/\sigma_{ST}^2 = (\tilde{f}_1/k)/\left[1 + \xi(\tilde{f}_1/k)^C\right]^5$ 主要用于模拟气流紊流的影响；$f S_i(f)/\sigma_i^2 = $

$P_i\delta_i(\tilde{f}_i)^{\beta_i}/\left\{\left[1-(\tilde{f}_i)^2\right]^2+\delta_i(\tilde{f}_i)^2\right\}$ 主要用于模拟基底扭矩谱中所出现的两个谱峰值。$\tilde{f}_i=f/f_i(i=1,2)$ 为两个谱峰值所对应的频率，B_0、B_1、B_2 为各分量贡献的权重。

其他待定的参数可采用以下拟合公式（α_{sr} 表示截面建筑深宽比 D/B，α_{wt} 表示风场类别）计算：

$$\frac{f_1 B}{U_H}=\begin{cases}0.1935-0.03\alpha_{wt}+(0.099\alpha_{wt}-0.266)\alpha_{sr}+(-0.0854\alpha_{wt}+0.21)\alpha_{sr}^2 & (\alpha_{sr}\leq 1)\\ \left[\dfrac{5.08-0.95\alpha_{wt}}{\alpha_{sr}-0.69}+(-4.67+2.03\alpha_{wt})\alpha_{sr}+(2.4-0.73\alpha_{wt})\alpha_{sr}^2\right]/100 & (\alpha_{sr}>1)\end{cases} \quad(4.11)$$

$$\frac{f_2 B}{U_H}=\begin{cases}(-0.21\alpha_{wt}+1.78)[5.81\exp(-12.17\alpha_{sr})+0.225\exp(-0.216\alpha_{sr})] & (\alpha_{sr}\neq 1)\\ 0.28 & (\alpha_{sr}=1)\end{cases} \quad(4.12)$$

$$\delta_1=\begin{cases}-0.388+0.275\alpha_{wt}+(2.72-1.37\alpha_{wt})\alpha_{sr}+(-4.53+1.96\alpha_{wt})\alpha_{sr}^2\\ +(1.98-0.752\alpha_{wt})\alpha_{sr}^3 & (\alpha_{sr}<1.5)\\ -13.47+4.33\alpha_{wt}+(13.72-4.26\alpha_{wt})\alpha_{sr}+(-3.072+0.962\alpha_{wt})\alpha_{sr}^2 & (\alpha_{sr}\geq 1.5)\end{cases} \quad(4.13)$$

$$\delta_2=\begin{cases}1.547-0.15\alpha_{wt}+(-1.31+0.194\alpha_{wt})\alpha_{sr}+(0.278-0.0499\alpha_{wt})\alpha_{sr}^2 & (\alpha_{sr}\geq 1)\\ 0.49 & (\alpha_{sr}<1)\end{cases} \quad(4.14)$$

$$\beta_1=0.285 \quad(4.15)$$

$$\beta_2=(0.2455+0.077\alpha_{wt})[(29.565\alpha_{sr}^4-19.858\alpha_{sr}^2+3.462)^{-1}+1.32\alpha_{sr}-0.069\alpha_{sr}^2]+2 \quad(4.16)$$

$$\kappa=\begin{cases}(0.114-0.01\alpha_{wt})\alpha_{sr}^{-2}+(1.097+0.417\alpha_{wt})\alpha_{sr}-(0.91+0.41\alpha_{wt})\alpha_{sr}^2 & (\alpha_{sr}\leq 1)\\ -0.4794+2.04\alpha_{wt}+(1.0758-1.132\alpha_{wt})\alpha_{sr}+(-0.2286+0.1927\alpha_{wt})\alpha_{sr}^2\\ -1.1295\alpha_{wt}\alpha_{sr}^{-1} & (\alpha_{sr}>1)\end{cases} \quad(4.17)$$

$$B_0=\begin{cases}0.687-0.289\alpha_{wt}+(-0.77+0.45\alpha_{wt})\alpha_{sr}+(0.227-0.118\alpha_{wt})\alpha_{sr}^2 & (\alpha_{sr}>1)\\ 1.778-0.39\alpha_{wt}+(-5.13+1.68\alpha_{wt})\alpha_{sr}+(3.43-1.23\alpha_{wt})\alpha_{sr}^2 & (\alpha_{sr}\leq 1)\end{cases} \quad(4.18)$$

$$B_1=\begin{cases}0.418-0.364\alpha_{wt}+(0.609+0.253\alpha_{wt})\alpha_{sr}^{-1}+(-0.196-0.047\alpha_{wt})\alpha_{sr}^{-2} & (\alpha_{sr}\leq 1)\\ 1.81-0.395\alpha_{wt}+(-1.29+0.311\alpha_{wt})\alpha_{sr}+(0.266-0.063\alpha_{wt})\alpha_{sr}^2 & (\alpha_{sr}>1)\end{cases} \quad(4.19)$$

$$B_2=(0.22-0.019\alpha_{wt})\{0.0015\exp[\lg(0.273\alpha_{sr})]^2+0.13+0.86\alpha_{sr}-0.12\alpha_{sr}^2\} \quad(4.20)$$

$$\xi=\begin{cases}-0.538+0.1203\alpha_{wt}+(3.81-0.4635\alpha_{wt})\alpha_{sr}-(3.2879+0.362\alpha_{wt})\alpha_{sr}^2 & (\alpha_{sr}\leq 1)\\ -1.203+2.3235\alpha_{wt}+(1.555-1.337\alpha_{wt})\alpha_{sr}+(-0.33+0.2329\alpha_{wt})\alpha_{sr}^2\\ -1.212\alpha_{wt}\alpha_{sr}^{-1} & (\alpha_{sr}>1)\end{cases} \quad(4.21)$$

$$C=\begin{cases}10 & (\alpha_{sr}\neq 1)\\ 1.8 & (\alpha_{sr}=1)\end{cases} \quad(4.22)$$

$$P_1=\begin{cases}-2.63+0.5\alpha_{wt}+(19.25-2.09\alpha_{wt})\alpha_{sr}+(-13.4+1.14\alpha_{wt})\alpha_{sr}^2 & (\alpha_{sr}\leq 1)\\ 1.85+0.0799\alpha_{wt}+(-1.91+0.87\alpha_{wt})\alpha_{sr}^{-1}+(3.23-1.383\alpha_{wt})\alpha_{sr}^{-3} & (\alpha_{sr}>1)\end{cases} \quad(4.23)$$

$$P_2=(6.41-0.77\alpha_{wt})\{0.45\exp[\lg(0.63\alpha_{sr})]^3+0.63-1.73\alpha_{sr}+1.07\alpha_{sr}^2-0.2\alpha_{sr}^3\} \quad(4.24)$$

本书研究了 3 组建筑深宽比在 [1/3,3] 范围内的 21 个算例，以建筑顶部最大扭转角加速度经验公式的计算结果作为目标值（AIJ，2015），拟合出式（4.8）和式（4.9）的扭转共振系数 C_T'：

$$C_T' = \begin{cases} -0.3953 + 3.029\alpha_{sr} - 8.021\alpha_{sr}^2 + 8.931\alpha_{sr}^3 - 3.516\alpha_{sr}^4 & (\alpha_{sr} \leq 1) \\ -0.2776 + 0.6944\alpha_{sr} - 0.5661\alpha_{sr}^2 + 0.2019\alpha_{sr}^3 - 0.02455\alpha_{sr}^4 & (\alpha_{sr} > 1) \end{cases} \quad (4.25)$$

式中，α_{sr} 为建筑深宽比 D/B。

表 4.1 建筑顶层扭转角加速度对比

建筑深宽比		1/3	1/2.2	2/3	1/1.28	1	1.28	3/2	2.2	3
第一组	AIJ（2015）建议值	0.001098	0.000974	0.000975	0.001062	0.001241	0.001210	0.001284	0.001505	0.001754
	式（4.9）	0.001085	0.000960	0.000941	0.001045	0.001237	0.001207	0.001281	0.001503	0.001752
第二组	AIJ（2015）建议值	0.000964	0.000856	0.000856	0.000933	0.001090	0.001063	0.001127	0.001322	0.001541
	式（4.9）	0.000953	0.000843	0.000827	0.000918	0.001087	0.001060	0.001125	0.001320	0.001539
第三组	AIJ（2015）建议值	0.000798	0.000708	0.000709	0.000773	0.000903	0.000880	0.000934	0.001095	0.001276
	式（4.9）	0.000789	0.000698	0.000684	0.000760	0.000900	0.000878	0.000931	0.001093	0.001274

注：式（4.9）为本章提出的建筑顶层扭转角加速度计算公式。

由表 4.1 可看出，式（4.9）计算得到的建筑顶部最大扭转角加速度与 AIJ（2015）的计算结果基本吻合。当建筑深宽比为 2/3 时，计算结果的最大误差仅为 3.4%。

4.2.2 脉动扭矩互功率谱

通常高层建筑的高度较宽度和进深大，其竖向相关性对于风荷载和结构风振响应较为重要。扭转竖向相干函数反映了竖向不同层的脉动扭矩的线性依赖程度，而脉动扭矩互谱密度函数可反映该竖向空间相关性，故引入层间扭转竖向相干函数：

$$\text{coh}_T(z_i, z_j) = \cos(\alpha_1 \Delta)\exp(-\alpha_2 \Delta), \quad \Delta = \frac{z_i - z_j}{B} \quad (4.26)$$

式中，参数 α_1、α_2 的取值详见文献（唐意等，2009）。将式（4.7）、式（4.8）、式（4.26）分别代入式（4.5），可推导出脉动扭矩互谱密度函数：

$$\begin{aligned}
S_{T_jT_k}(n) &= \int_{-\infty}^{\infty} \langle T_j(t)T_k(t+\tau)\rangle e^{-i2\pi n\tau}d\tau \\
&= \frac{\overline{J}}{J_j J_k}\int_{-\infty}^{\infty} < \int_0^H\int_0^D 0.9q_H C_T' B^2 \left(\frac{z}{H}\right)^{2\alpha}\left(\frac{z}{H}\right)^{\beta} \\
&\quad \sqrt{\frac{\pi S_{M_\theta}(f)}{\eta_T}}dxdz\int_0^H\int_0^D 0.9q_H C_T' B^2 \left(\frac{z'}{H}\right)^{2\alpha}\left(\frac{z'}{H}\right)^{\beta}\sqrt{\frac{\pi S_{M_\theta}(f)}{\eta_T}}dx'dz' > e^{-i2\pi n\tau}d\tau \\
&= \frac{0.81\pi q_H^2 C_T'^2 B^4 \overline{J} S_{M_\theta}}{J_j J_k \eta_T}\int_0^H\int_0^D\int_0^H\int_0^D \left(\frac{z}{H}\right)^{2\alpha}\left(\frac{z'}{H}\right)^{2\alpha}\left(\frac{z}{H}\right)^{\beta}\left(\frac{z'}{H}\right)^{\beta}\text{coh}_T(z,z')dxdzdx'dz'
\end{aligned}$$

$$= \frac{0.81\pi q_H^2 C_T'^2 B^4 H^2 D^2 \bar{J} S_{M_\theta}}{\eta_T \int_{H_j}^{H_j+\Delta H} J(z)\left(\frac{z}{H}\right)^\beta \mathrm{d}z \int_{H_k}^{H_k+\Delta H} J(z')\left(\frac{z'}{H}\right)^\beta \mathrm{d}z'} \left(\frac{z}{H}\right)^{2\alpha+\beta} \left(\frac{z'}{H}\right)^{2\alpha+\beta} \coh_T(z,z') \quad (4.27)$$

式中，$J_j = \int_{H_j}^{H_j+\Delta H} J(z)\mathrm{d}z$；$J_k = \int_{H_k}^{H_k+\Delta H} J(z')\mathrm{d}z'$；$\bar{J} = \frac{J_j + J_k}{2}$。其他未注明的参数详见式（4.7）~式（4.25）。

4.2.3 不同深宽比的脉动扭矩功率谱模拟

Deodatis（1996）提出的谐波合成法适用于任意频谱特性的平稳随机过程模拟，该方法无条件要求且稳定，模拟的随机脉动激励较为准确，而谐波合成法模拟理论已在本书第2章有详细阐述。这里，本书给出几个典型建筑深宽比的脉动扭矩功率谱，可以看出模拟的脉动扭矩功率谱与目标功率谱吻合得较好，不同深宽比条件下所呈现出的扭转力谱具有不同的峰值特性，说明提出的脉动扭矩模拟方法是准确的（图4.1）。

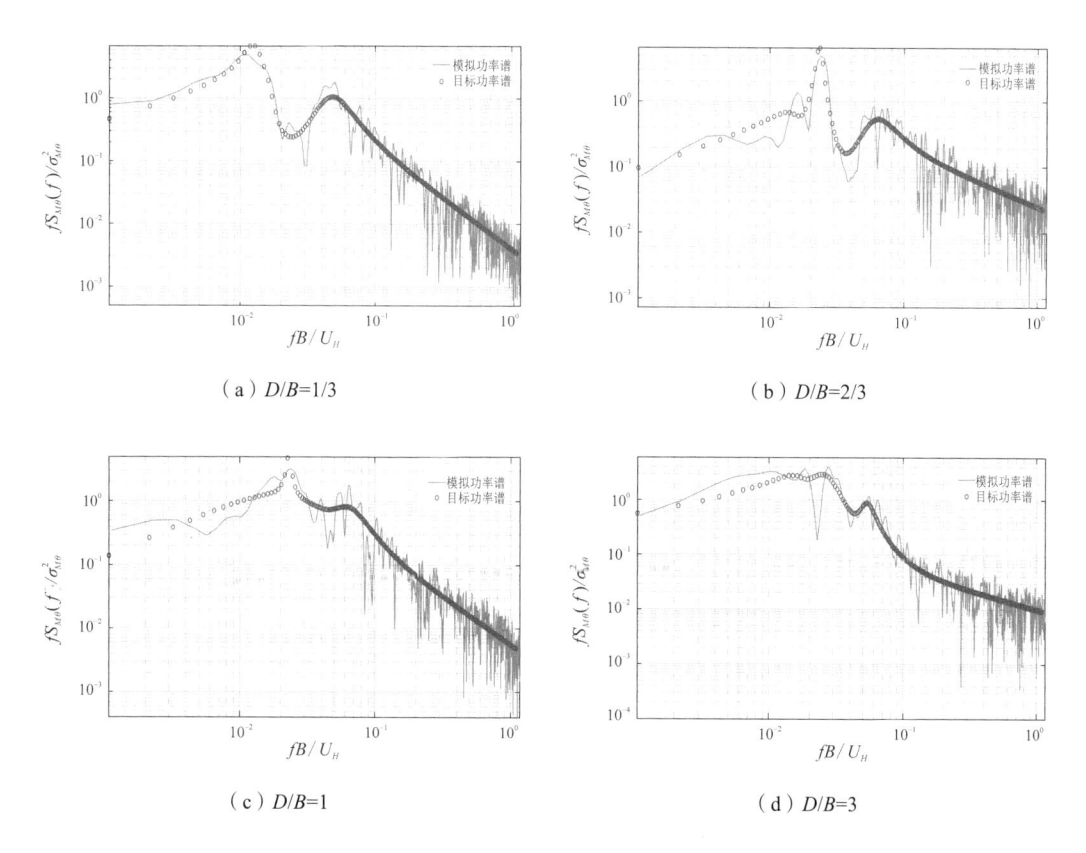

（a）$D/B=1/3$

（b）$D/B=2/3$

（c）$D/B=1$

（d）$D/B=3$

图 4.1 建筑顶部脉动扭矩功率谱与目标功率谱对比

4.3 高层建筑脉动扭矩时程模拟

4.3.1 结构扭转向模态及风场参数

结构模型仍采用矩形截面高层建筑物标准模型（CAARC），具体参数如下：建筑几何高度为 182.88 m，宽度为 45.72 m，进深为 30.48 m；结构型式为框架-核心筒结构，建筑容重为 220 kg/m³；按 Kareem（1983）给出的经验公式，结构第一阶振型的阻尼比为 0.024。扭转基频约为平动基频的 1.58 倍，该模型的模态分析得到扭转基频为 0.309 Hz，结构模态参数见表 3.1。

按我国《建筑结构荷载规范》（GB 50009—2012）的规定，选取国内某地 50 年的基本风压 0.45 kN/m² 和 10 年一遇的基本风压 0.3 kN/m²，顺风向体型系数为 1.3。由于需要将美国圣母大学（UND）数据库中的数据与本书的研究结果进行对比，故将我国规范规定的风速换算成美国规范规定的风速，风速的换算过程参见 2.3 节。将结构模型参数和风荷载取值输入 UND 数据库，可得到 10 年一遇的基本风压所引起的扭转角加速度均方根为 0.000182 rad/s²。

4.3.2 高层建筑脉动扭矩时程模拟

为保证计算结果具有一定的可靠度，选取 10 次脉动扭矩随机过程模拟的模拟结果。从图 4.2 中可以看出，模拟的脉动扭矩功率谱与目标功率谱吻合得较好。选取的高层建筑模型深宽比为 2/3，该模型的扭矩目标谱具有双谱峰特性，这是由迎风面边缘气流分离及尾流区旋涡有规律地脱落所致。不同随机过程模拟得到的样本存在差异，说明本书提出的脉动扭矩数值模拟方法是有效的。

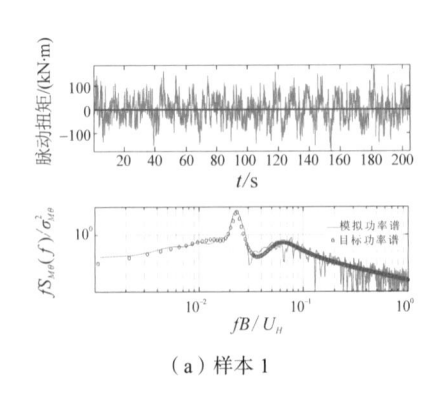

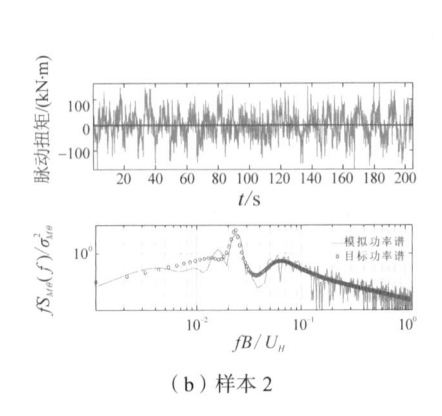

(a) 样本 1　　　　　　　　　　(b) 样本 2

（c）样本 3　　　　　　　　　　（d）样本 4

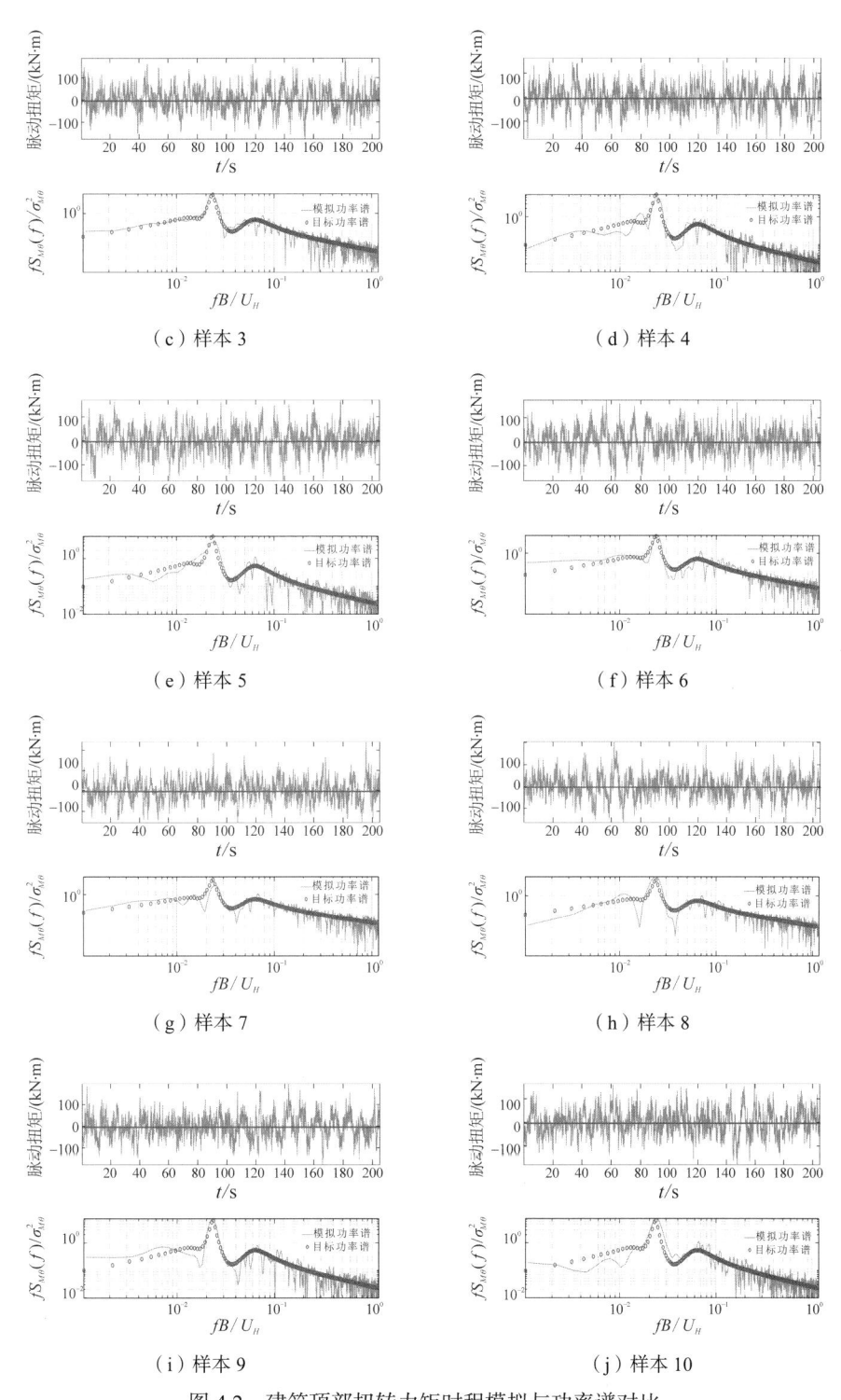

（e）样本 5　　　　　　　　　　（f）样本 6

（g）样本 7　　　　　　　　　　（h）样本 8

（i）样本 9　　　　　　　　　　（j）样本 10

图 4.2　建筑顶部扭转力矩时程模拟与功率谱对比

图（a）～图（j）中，上图均为对应样本的脉动扭矩时程曲线，下图均为对应样本的功率谱对比

4.4 高层建筑扭转向加速度响应分析

建筑顶部扭转角加速度响应也为随机过程，脉动扭矩模拟过程中因受到能量随机分布的影响，扭转角加速度响应存在一定的差异，但总体趋势一致。因此，需要进行几组随机模拟过程，这样统计结果才可靠（图4.3）。值得注意的是，扭转角加速度响应与横风向加速度响应不同。扭转角加速度在一个完整的自振周期内，其振动完成周期约为顺风向的2/3，可见扭转向振动受结构第一阶扭转振型的影响较大。

在一个相对较短的时间段内，脉动扭矩风致结构振动可假定为平稳随机过程。表4.2给出了扭转角加速度时程统计结果，其偏度偏差均在0.05以内，且接近0；峰度偏差

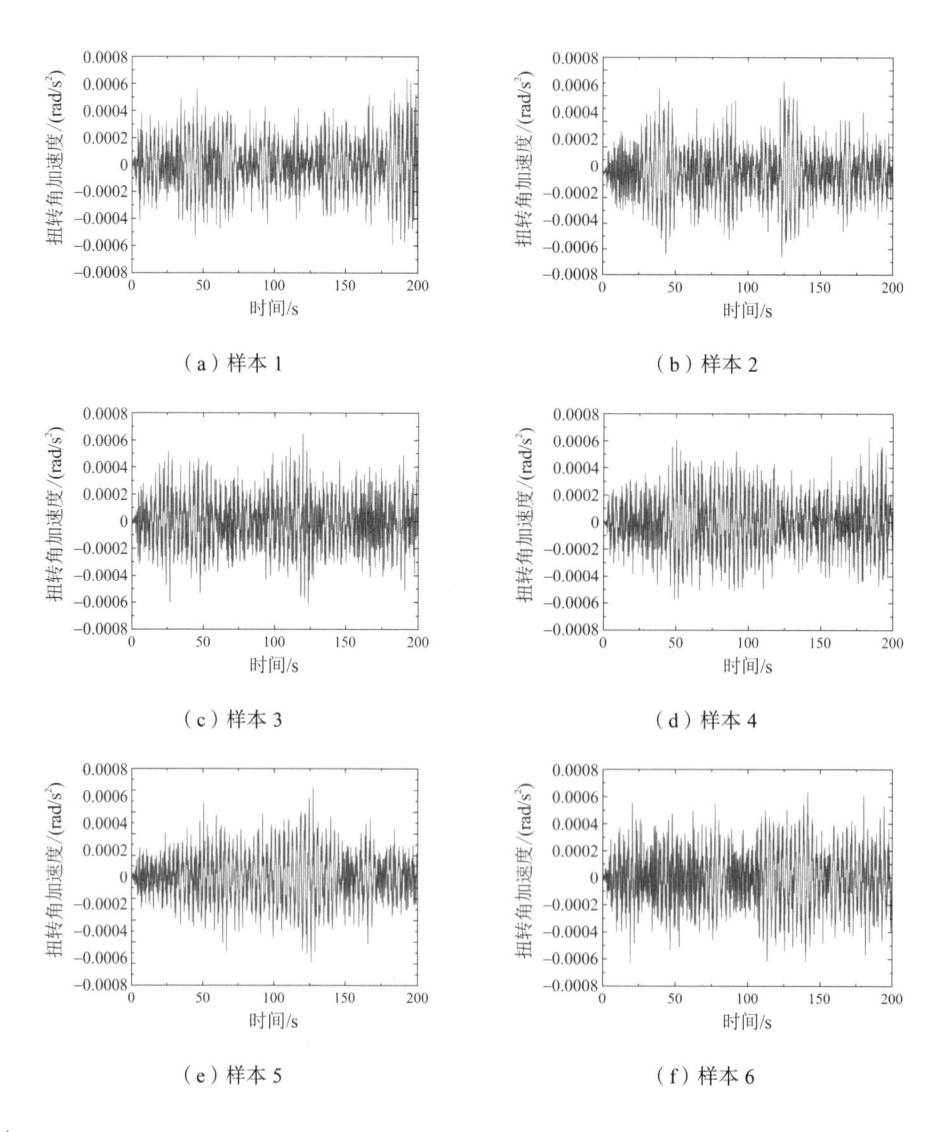

（a）样本1

（b）样本2

（c）样本3

（d）样本4

（e）样本5

（f）样本6

(g) 样本 7

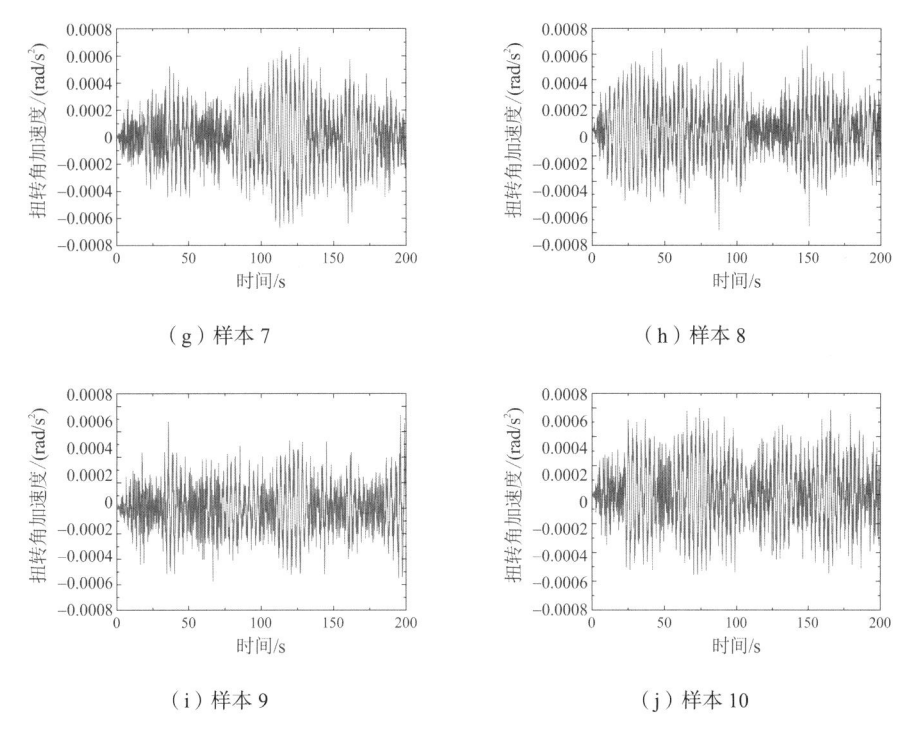

(h) 样本 8

(i) 样本 9

(j) 样本 10

图 4.3 建筑顶部脉动扭转角加速度响应曲线

也均在 0.5 以内，接近 3，基本符合标准的高斯分布。由于各国规范中峰值因子的计算方法存在差异，因此本书仅对建筑扭转角加速度均方根进行比较。图 4.4 给出了 10 个样本的建筑顶层扭转角加速度，所统计的均方根在 $0.0001823 \sim 0.0002233 \text{ rad/s}^2$ 范围内，略大于 UND 数据库中的 0.000182 rad/s^2，平均偏差约为 11%，说明在统计意义上二者基本一致。

表 4.2 扭转角加速度统计结果

时程样本	样本容量	极小值/(rad/s²)	极大值/(rad/s²)	均值/(rad/s²)	根方差/(rad/s²)	偏度	峰度
样本 1	2048	−0.00067	0.00064	0.000001	0.000189	0	3.183
样本 2	2048	−0.00066	0.00071	0	0.000196	0.022	3.392
样本 3	2048	−0.00061	0.00065	0	0.000182	0.025	3.029
样本 4	2048	−0.00062	0.00062	0.000001	0.000197	0.041	2.882
样本 5	2048	−0.00079	0.00083	0	0.000223	0.004	2.989
样本 6	2048	−0.00063	0.00063	0.000001	0.000209	−0.034	2.786
样本 7	2048	−0.00067	0.00067	0	0.000216	−0.026	3.057
样本 8	2048	−0.00078	0.00066	−0.000001	0.000220	−0.013	2.842
样本 9	2048	−0.00064	0.00074	0	0.000192	0.048	3.164
样本 10	2048	−0.00055	0.00060	0	0.000214	0.007	2.550

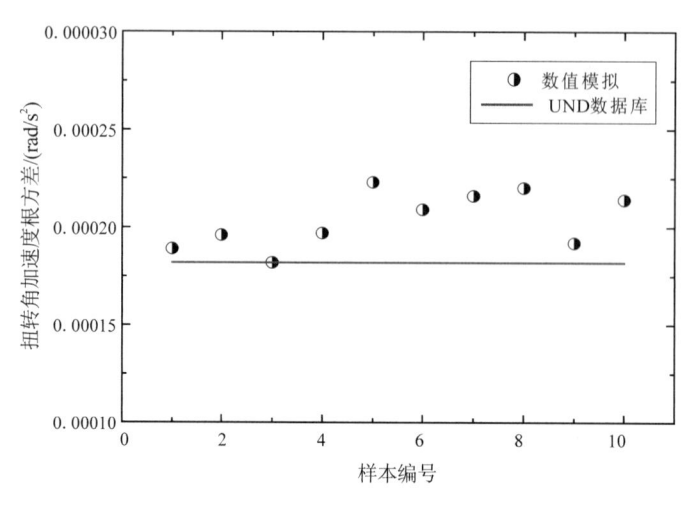

图 4.4　建筑顶层扭转角加速度根方差对比

4.5　本章小结

本章提出了一种高层建筑脉动扭矩时程模拟方法。根据达朗贝尔原理，将建筑层间转动惯量和扭转角加速度转化成层间扭矩谱，并采用谐波合成法模拟出沿楼层高度分布的脉动扭矩时程激励，然后将其施加到建筑有限元模型上，在时域内研究高层建筑风致扭转振动响应。主要的研究结果如下。

（1）利用扭转向风荷载和横风向风荷载计算方法相同的特点，提出了沿竖向分布的层间扭转角加速度的计算公式，计算结果与日本建议的建筑顶部扭转角加速度的吻合度较高。而采用谐波合成法模拟的脉动扭矩功率谱与本书提出的目标谱吻合得较好，能反映出不同深宽比扭转功率谱的特征。

（2）在时域内对高层建筑 CAARC 模型进行了计算，得到的扭转角加速度根方差比 UND 数据库中的数据大 11% 左右，在统计意义上一致。结构扭转振动频率以扭转第一阶振型为主，其对扭转角加速度响应的贡献最大。

综上，本章所提出的方法能够准确预测矩形截面高层建筑扭转角加速度响应。

第 5 章

高层建筑表面风场外推插值重构研究

随着工程界对风与结构相互作用机理的不断探索，强风下建筑发生整体损毁的现象已经很少见。相比之下，强风造成建筑外围护局部损坏的现象时有发生。高层建筑玻璃幕墙脱落、大跨度结构的挑檐和屋脊处严重损毁等时常发生，其所造成的社会影响和经济损失不容忽视。20 世纪 70 年代，国外学者指出高层建筑表面的正压区符合高斯分布，负压区则存在一定的偏度，而对高层建筑负压区风压系数的研究主要依赖于风洞试验中的缩尺模型（Quan et al., 2011）。此后，学者们开展了一系列关于建筑表面风压非高斯性的研究。在气流分离区，风压概率分布呈现出明显的非高斯性。尤其是在建筑檐口、屋脊、边缘部位，采用高斯分布模型所预测的风压峰值大大低于风对结构的实际作用。因此，建筑周围的绕流风压场是结构抗风分析中的重要影响因素，应首先确定。

建筑表面风压预测主要依赖于大气边界层风洞试验。为了满足风场湍流积分尺度的相似比，气弹模型常采用 1∶800～1∶300 的缩尺比，其所带来的影响是在模型边缘、檐口、屋脊等处测压孔位置的布置明显受限。而建筑表面风压场的重构非常必要，因此，近些年许多建筑表面风压场重构方法被提出，且相关研究成果成功地应用到实际工程的结构抗风研究中（Han and Li, 2009；Wang et al., 2008；Bobby et al., 2014；Zhao et al., 2016；Cammelli et al., 2016）。然而，有关建筑表面边缘、屋脊、檐口的脉动风压插值重构的研究成果相对较少。

建筑风压预测的研究方向大体上可分为两类：①基于人工神经网络模型的建筑表面风压分布特性预测（Armitt, 1968；Borée, 2003；Vu-Bac et al., 2015），其不足之处在于缺乏清晰的物理意义且依赖于大量的样本数据；②本征正交分解技术（POD），Armitt（1968）将其引入风工程领域进行风压场特征向量分析，Lumley 等用其解决了风场湍流与风相关的问题（Berkooz et al., 1993；Motlagh and Taghizadeh, 2016）。此后，国内外学者开展了一系列建筑表面脉动风压场分析，涉及方形截面高层建筑（Kareem and Cermak, 1984）、低矮房屋建筑（Holmes, 1990；Bienkiewicz et al., 1995）等，在此基础上进行了高层建筑振动性能评估（Tamura et al., 1999），研究了单层网格穹顶建筑的风致动力响应（Cammelli et al., 2016）。

POD 技术在本质上属于时空分离技术，已经在其他随机振动研究领域展示出解决问题的高效性。脉动风压场求解过程大致可分为两步：①求解已知脉动风压数据的协方差矩阵，将其分解为与空间有关的本征模态和与时间有关的主坐标；②由空间模态坐标插值得到预测点的脉动风压空间分布，再结合步骤①分离出的与时间相关的主坐标矩阵，得到重构的风压场（Moehle, 1992）。

通常本征模态的空间插值方法可分为确定性方法和地质统计方法。确定性方法要求不同测点的信息相似、研究的表面域平滑。其中，反距离插值（IDW）法、双立方插值法、样条插值法均是确定性方法，并已成功运用在工程抗风研究中。例如，IDW 法可用于圆形屋顶脉动风压场的重构（姚博等，2016），该方法适用于表面测压孔均匀布置的情况，且对极值比较敏感；双立方插值法可用于双坡屋面风压场的重构（李杰，2017；Li et al., 2012），但使用该方法时，由于低通滤波的性质，高频部分容易损失；样条插值法可用于柱面网格结构（Bobby et al., 2014），该方法不依赖于潜在的数据统计模型，但仅适用于规则区域的插值重构，且计算量较大。宣颖和谢壮宁（2019）提出应建立基于阵风风压的屋面极值风压系数描述方法，重点关注屋面常出现高负压的边角区域（尤其是角区），研究风场湍流特征和屋面局部几何特征对这些部位高负压分布的影响。上述研究成果主要集中在风压场内插重构研究方面。在确定性方法中，对脉动风压场的外推插值，样条插值法的效果相对较好。

克里金插值法是地质统计方法中常用的一种空间插值方法，可实现局部最优的线性无偏估计。在样本数据量较少且测点分布不规则的情况下，该方法的预测精度优于其他方法（Paulotto et al., 2004），但其效果依赖原始数据和变异函数模型之间的相关性。此外，克里金插值作为一种更为精确的空间插值方法，在应用时需要进行敏感性分析，以评估其对结果的影响（Hamdia et al., 2017；Zhuang et al., 2014）。目前，克里金插值法已得到成功应用，如台风下低矮房屋的脉动风压场预测（Priestley et al., 2007）、定日镜表面风场预测（Moehle, 1992）以及大跨度屋面风场预测（Paulotto et al., 2004）。地质统计方法有着明显的优势，但前人并未对外推插值做详细的研究。

在结构风工程领域，有关克里金插值法的变异函数模型的研究成果较少。当气流流经建筑外围护的钝边时，风压梯度的变化非常剧烈，脉动风压数据呈现出明显的非高斯分布特征。而脉动风压场外推插值重构的精度，取决于变异函数模型能否反映出这种特征。对于脉动风压，可利用随机过程的某一分形尺度来描述其实验数据的特征。分形尺度可用赫斯特指数表示，并通过重标极差分析法（R/S）（Mandelbrot and Wallis, 1969；Aue et al., 2007；Mason, 2016）进行求解。冯·卡门相关函数基于湍流风场的统计特性（von Kármán, 1948），赫斯特指数是冯·卡门相关函数中的一个关键参数，冯·卡门相关函数可用于解决建筑边缘复杂风压场的外推插值重构问题。

可引入冯·卡门相关函数模型，研究本征正交分解-克里金法对建筑边角处脉动风压外推插值的有效性（Sun et al., 2019）。高层建筑模型的风洞实验数据来自日本东京工业大学（Tokyo Pdytechnic University，TPU）空气动力数据库。图5.1给出了计算流程。首先根据已知点实测数据提取出本征模态向量矩阵和冯·卡门相关函数模型的主要

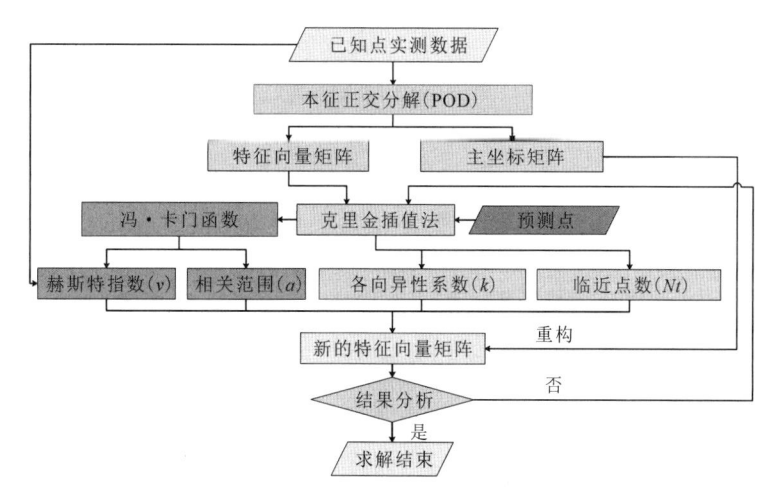

图 5.1　本征正交分解-克里金法计算流程

参数；其次对建筑表面边缘或角部的测压点进行本征模态向量插值预测；最后通过原始对预测结果进行评估。

5.1 本征正交分解 - 克里金法基本理论

5.1.1 本征正交分解法（POD）

基于 Karhunen-Loève（卡亨南 - 洛维）分解原理（Loève，1977）的 POD 在处理离散时间下的随机振动信号方面是一种强有力的工具（Liang et al.，2002），而刚性模型测压得到的脉动风压场也符合随机振动过程。假设脉动风压场数据矩阵 $P(t)$ 是已知布孔点 $(x_1,y_1),(x_2,y_2),\cdots,(x_N,y_N)$ 的实测数据记录，其中，$p_i(t)=p(x_i,y_i,t)(i=1,2,\cdots,N)$ 是已知布孔点 i 的实测脉动风压数据时程。因此，$P(t)$ 可表示为

$$P(t)=\{p_1(t),p_2(t),\cdots,p_N(t)\} \quad (5.1)$$

通过已知数据矩阵 $P(t)$ 可求解出脉动风压场的协方差矩阵 R_p，进而分离出本征值矩阵 Λ 和本征向量矩阵 Φ，可表示为

$$R_p\Phi=\Lambda\Phi \quad (5.2)$$

式中，$\Lambda=\mathrm{diag}(\lambda_1,\lambda_2,\cdots,\lambda_n)$ 为 n 阶本征值均方根组成的对角阵，λ_i 按降序排列；$\Phi=\{\phi_1,\phi_2,\cdots,\phi_n\}$ 为正交向量，正交基 ϕ_j 和 ϕ_j 两两正交，与本征值 λ_i 相对应。

$a(t)=\{a_1(t),a_2(t),\cdots,a_n(t)\}^\mathrm{T}$ 为主坐标矩阵，是 $P(t)$ 在本征向量矩阵 Φ 上的最大投影，可表示为

$$a(t)=\Phi^\mathrm{T}P(t) \quad (5.3)$$

根据本征向量矩阵的正交性，式（5.3）也可以表示为

$$P(t)=\Phi a(t)=\sum_{n=1}^{N}\phi_n a_n(t) \quad (5.4)$$

因此，借助 POD，脉动风压场 $P(t)$ 可利用本征向量矩阵 Φ 和主坐标矩阵 $a(t)$ 重构获得。通常前几阶模态在总能量中占比较大，缩减模态在满足精度要求的前提下能大大减少计算时间。

假设 N_p 代表所有测点（$N_p>N$），包括已知测点和预测点。N_s 代表已知测点实测数据样本容量。所有测点的脉动风压矩阵 $\hat{P}_0(t)$ 可表示为

$$\hat{P}_0(t)=\hat{\Phi}_{N_p\times M}a_{M\times N_s}(t)=\sum_{n=1}^{M}\hat{\phi}_n a_n(t) \quad (5.5)$$

式中，所有点的本征向量矩阵 $\hat{\Phi}_{N_p\times M}$ 可通过插值获得，而克里金插值法则是本书所要重点研究的方法。

5.1.2 克里金插值法

克里金插值法最早由南非地质学者 Krige 于 1951 年提出，主要用于地质领域；后来 Matheron（1963）将其成果理论化、系统化，提出区域化变量。其实质是利用已知点实测数据存在空间相关性，通过内插或外推对未知点进行线性无偏最优估计。风洞试验中的脉动风压具有随机性和空间依赖性，为满足二阶或弱平稳性的要求，假设脉动风压平均值为一常数，方差仅依赖于不同点的间距和方向。

本质上，克里金插值法是一种空间局部插值方法（Oliver and Webster，2015），能用于描述风压场局部效应及特征。而预测点插值相关区域应合理地确定，为满足平稳性假设，该区域应包含最少的样本点数量。

假设预测点周围的已知测点数量为 N_t（$N_t<N$），预测点 (x_0,y_0) 的第 n 阶特征向量 $\hat{\phi}_{n(x_0,y_0)}$ 可由点克里金插值法（Sarma，2009；Oliver and Webster，2015）得到：

$$\hat{\phi}_{n(x_0,y_0)} = \sum_{i=1}^{N_t} \lambda_i \phi_{ni(x_i,y_i)} \qquad (n=1,2,\cdots,M) \tag{5.6}$$

式中，$\phi_{ni(x_i,y_i)}$ 是已知的第 i 个测点 (x_i,y_i) 的第 n 阶本征向量。为确保估计值无偏，权重之和应为 1，即 $\sum_{i=1}^{N_t} \lambda_i = 1$。

克里金插值法基于平稳条件下的随机空间过程理论。一般均值可能不是一个常数，但可假定期望偏差为 0，表示为

$$E[\hat{\phi}_{n(x_0,y_0)} - \phi_{n(x_0,y_0)}] = 0 \tag{5.7}$$

此外，方差预测可由式（5.8）表示：

$$\mathrm{var}[\hat{\phi}_{n(x_0,y_0)}] = \sigma^2_{n(x_0,y_0)} = E[\{\hat{\phi}_{n(x_0,y_0)} - \phi_{n(x_0,y_0)}\}^2] = 2\sum_{i=1}^{N_t}\lambda_i \gamma(h_i) - \sum_{i=1}^{N_t}\sum_{j=1}^{N_t}\lambda_i \lambda_j \gamma(h_{ij}) \tag{5.8}$$

式中，$\gamma(h_i)$ 为预测点 (x_0,y_0) 和已知测点 (x_i,y_i) 的半方差；$\gamma(h_{ij})$ 为已知测点 (x_i,y_i) 和已知测点 (x_j,y_j) 的半方差。

关于风压场的各项异性，引入各项异性系数 k，间隔距离 h_i 可表示为

$$h_i = \sqrt{(x_0-x_i)^2 + k^2(y_0-y_i)^2} \tag{5.9}$$

式中，$k=a_x/a_y$，通过不同方向的相关长度的比值来表示，a_x 代表顺风向的相关长度，a_y 代表横风向的相关长度。

半方差可以通过变异函数计算出来，并取决于采样点数量。如果预测点为某一实测点，那么方差的估计值应为零。

在严格满足式（5.8）的条件下，权重因子 λ_i 很难确定，最好的方法是使方程两边的方差最小。因此，在权重因子之和为 1 的前提下，可通过求解估计方差的最小值得到权重因子 λ_i，表示为

$$\sigma_{E(x_0,y_0)}^2 = 2\sum_{i=1}^{N_t}\lambda_i\gamma(h_i) - \sum_{i=1}^{N_t}\sum_{j=1}^{N_t}\lambda_i\lambda_j\gamma(h_{ij}) - \sigma_{n(x_0,y_0)}^2 \tag{5.10}$$

通过引入拉格朗日算子，可将上述带约束条件的极值问题转化为无条件极值问题。因此，式（5.10）可改写为如下形式：

$$\sigma_{E(x_0,y_0)}^2 = 2\sum_{i=1}^{N_t}\lambda_i\gamma(h_i) - \sum_{i=1}^{N_t}\sum_{j=1}^{N_t}\lambda_i\lambda_j\gamma(h_{ij}) - \sigma_{n(x_0,y_0)}^2 + 2\mu\left(\sum_{i=1}^{N_t}\lambda_i - 1\right) \tag{5.11}$$

式中，μ 为拉格朗日算子。

极值问题的求解方程可表示为

$$\sum_{j=1}^{N_t}\lambda_i\gamma(h_{ij}) - \mu = \gamma(h_i) \quad (i=1,2,\cdots,N_t)$$
$$\sum_{i=1}^{N_t}\lambda_i - 1 = 0 \tag{5.12}$$

由此，权重因子 $\lambda_1,\lambda_2,\cdots\lambda_{N_t}$ 和拉格朗日算子 μ 可通过式（5.12）求解得到，克里金插值法的估计方差可通过式（5.11）得到。同时，必须引入一个能合理描述空间协方差的半方差模型 $\gamma(h)$。

5.1.3 冯·卡门相关函数

半方差和协方差的关系可用式（5.13）表示：

$$\gamma(h) = C(0) - C(h) \tag{5.13}$$

式中，$C(0)=\sigma^2$ 表示间隔距离为 0 的协方差；$C(h)$ 表示间隔距离为 h 的协方差。然而预测点的统计均值未知，很难确定协方差。半方差模型则可对间隔距离 h 做定量描述，因此变异函数模型比协方差函数有更为广泛的应用。

在建筑表面脉动风压场的重构方面，变异函数模型的选择是关键。通常实验半方差模型 $\gamma(h)$ 应在 $h=0$ 时通过坐标原点，但事实上，在 h 趋于 0 时，风压场的半方差为一正值，该非零值称为块金方差（c_0），这是由测量误差和样本间隔距离小于最短采样距离引起的变异误差造成的。因此，纯块金效应（c）不能代表间隔距离比相关长度（a）大。图 5.2 给出了实验变异函数模型。

描述湍流风速场的冯·卡门协方差模型是符合气流流动规律的变异模型，该模型已成功应用于多孔性分布条件下的地统计学模拟（Li et al., 2021；Müller et al., 2008）和连续地震断裂模型（Guatteri et al., 2004）。然而，基于克里金插值法的变异函数模型在表面风压场的研究中尚缺乏

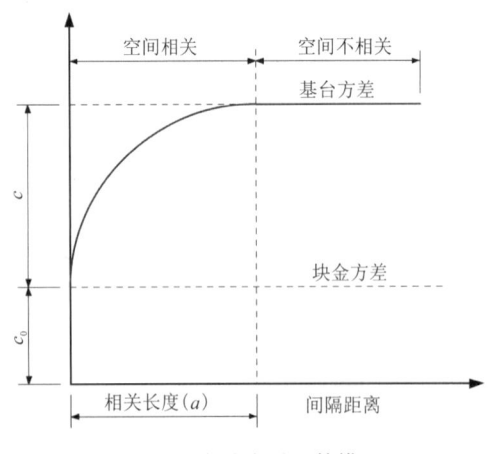

图 5.2 实验变异函数模型

相关应用成果。

首先，冯·卡门协方差可表示为

$$C(h) = \sigma_k^2 2^{1-\nu}(h/a)^\nu K_\nu(h/a)\Gamma(\nu) \tag{5.14}$$

式中，σ_k^2 代表自协方差函数的先验方差；a 代表空间相关长度。

$\Gamma(\nu)$ 可表示为

$$\Gamma(\nu) = \int_0^\infty e^{-t} t^{\nu-1} dt \tag{5.15}$$

$K_\nu(r/a)$ 代表赫斯特指数为 $0<\nu<1$ 的第二类贝塞尔修正函数（Abramowitz and Stegun，1965），可表示为

$$K_\nu(r/a) = \left(\frac{\pi}{2}\right)\frac{I_{-\nu}(r/a) - I_\nu(r/a)}{\sin(\nu\pi)} \tag{5.16}$$

$I_\nu(r/a)$ 可表示为

$$I_\nu(r/a) = (r/a)^\nu \sum_{k=0}^\infty \frac{(r/a)^{2k}}{k!\Gamma(\nu+k+1)} \tag{5.17}$$

其次，将冯·卡门协方差代入式（5.13），转化为变异函数模型，可表示为

$$\gamma(h) = c_0 + c\left[1 - 2^{1-\nu}(h/a)^\nu K_\nu(h/a)/\Gamma(\nu)\right] \tag{5.18}$$

式中，c_0 代表块金方差；$C(0)=\sigma^2=c_0+c$ 表示基台方差，σ^2 表示方差。

在 $0<\nu<1$ 的情况下，冯·卡门函数是一组变异函数模型。当 $0<\nu<0.5$ 时，风场中的湍流呈现出自仿射性；当 $0.5<\nu<1$ 时，风场中的湍流呈现出自相似性（Klimeš，2002；Li et al.，2021）。有几种特殊情况：白噪声是 $\nu=0$ 的自仿射，布朗噪声是 $\nu=0.5$ 的自仿射，$\nu=1$ 表示完全自相似（Katsev and L'Heureux，2003）。研究已知测点脉动风压时程的赫斯特指数时，可采用重标极差分析法（R/S）。最初，Hurst（1951）用该方法来确定尼罗河沿岸灌溉的水库容量。此后，赫斯特指数常被用于随机过程中的分形标度，以及描述实验数据序列的特征（Aue et al.，2007；Mason，2016）。

本章将重点研究冯·卡门相关函数在本征正交分解-克里金法中的应用。基于风场先验性的其他参数可通过最小二乘法确定，并通过工程案例进行讨论。此外，如果风压场时间序列满足高斯分布特征，则用极大似然函数法可以得到变异函数的最大目标结果（Vu-Bac et al.，2015；Pardo-Igúzquiza，1997）。但值得注意的是，建筑边缘脉动风压的概率分布具有明显的非高斯特性。

5.2 风压场外推插值重构

5.2.1 试验模型数据

下面以高层建筑缩尺模型为研究对象，评估本书所提出的外推插值方法的有效性。

该模型来源于日本东京工业大学空气动力数据库，模型缩尺比为1∶400，几何尺寸为 0.3 m×0.1 m×0.5 m（$B×D×H$）。本书以迎风面脉动风压数据作为验证数据，模型上共布置 24 个点作为已知点，并根据已知点的实测风压时间序列提取风场特征参数。同时布置 15 个点作为预测点，其中 6 个预测点用于测试外推插值的计算精度，3 个预测点用于测试内插插值的预测精度。已知测点和预测点布置在建筑迎风面上（图 5.3），中心区域通常处于正压区，边缘区域具有明显的风压高梯度特征，该位置的风压场由正变为负是由建筑物周围的气流分离造成的。因此，不同区域的预测点代表了建筑表面不同位置的气流特性。

5.2.2 POD 模态分析

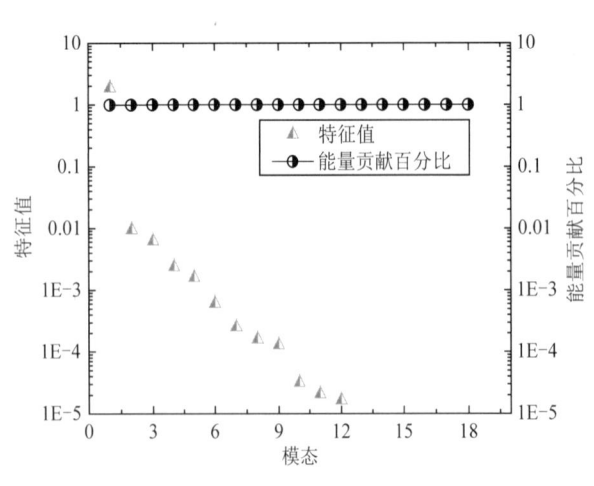

通过 POD 可以提取出所有模态特征值，图 5.4 给出了前 j 阶特征值的累计能量分布。可以明显看出：第 1 阶模态在能量贡献方面起着重要作用，约占累计能量的 98.9%，模态特征值明显高于其他模态。统计结果显示前 9 阶模态共占总能量的 100%，然而前 9 阶截断模态还不足以重构脉动压力场。

图 5.5 给出了建筑角部 161 号测点前 3～18 阶模态的原始数据时间序列和频域重构结果，经对比发现使用截断模态会过高估计重构结果。由于前几阶模态分量的贡献较大，从频谱分析结果可以看出，低频段的谱值与前几阶模态所对应的频率高度吻合。随着高阶模态的参与，重构数据在功率谱高频段与实测原始数据的差异逐渐减小。当所有模态参与计算时，重构数据与原始数据完全一致。这表明，通过适当选择模态分量，可以有效地重建表面风压场的功率谱，确保模拟结果与实测数据的高度一致性。

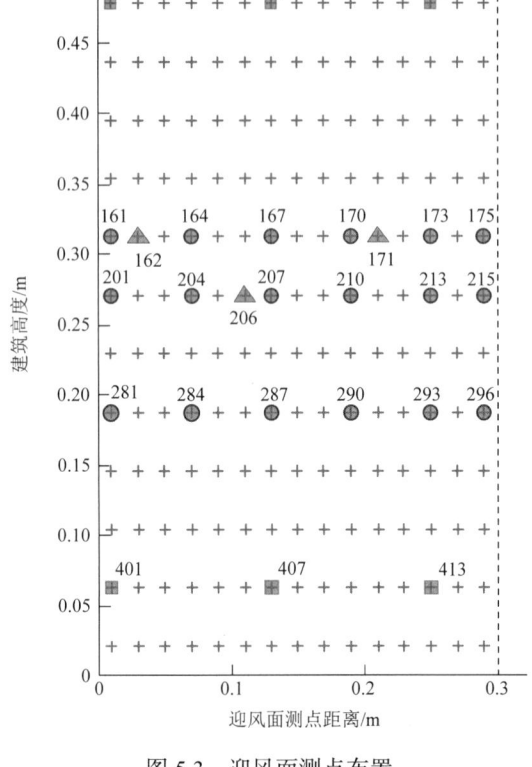

图 5.3 迎风面测点布置

图 5.4 模态特征值及模态累计能量

(a)前 3 阶模态重构风压时程

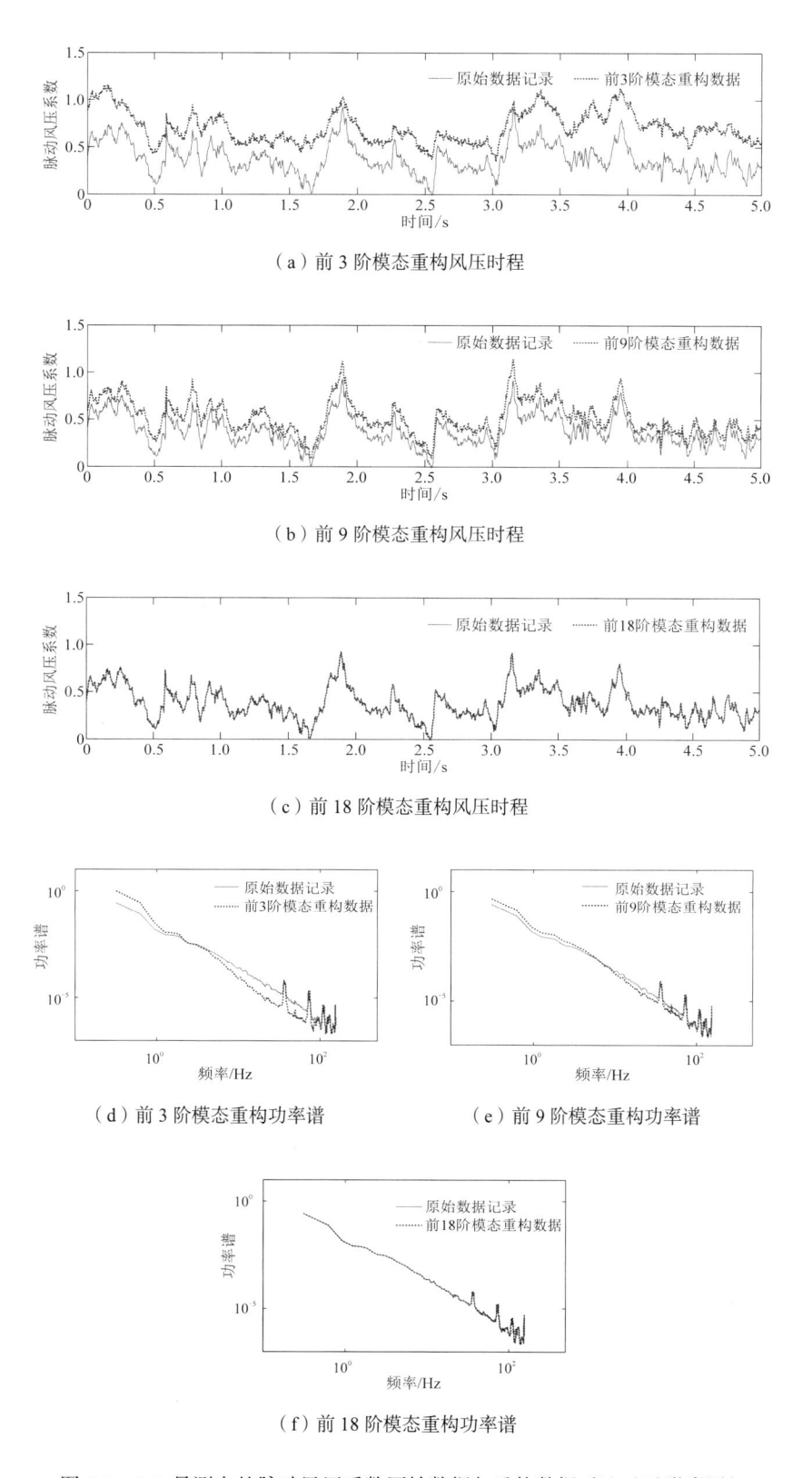

(b)前 9 阶模态重构风压时程

(c)前 18 阶模态重构风压时程

(d)前 3 阶模态重构功率谱

(e)前 9 阶模态重构功率谱

(f)前 18 阶模态重构功率谱

图 5.5　161 号测点的脉动风压系数原始数据与重构数据对比（后附彩图）

5.2.3 赫斯特指数

赫斯特指数是冯·卡门函数中的重要参数之一，主要用于表示随机过程特征的分形尺度。图 5.6 给出了由重标极差分析法分析得到的赫斯特指数。从图 5.6 中可以看出，迎风面平均风压系数等值线对称分布，相比中心区域，边缘区域风压梯度的变化较为剧烈。此外，赫斯特指数由已知测点的风压脉动实测数据计算得到，计算结果显示大部分测点数据的赫斯特指数大于 0.5，变化范围为 0.75～0.83。上述研究结果表明，迎风面脉动风压是一个自相似过程。

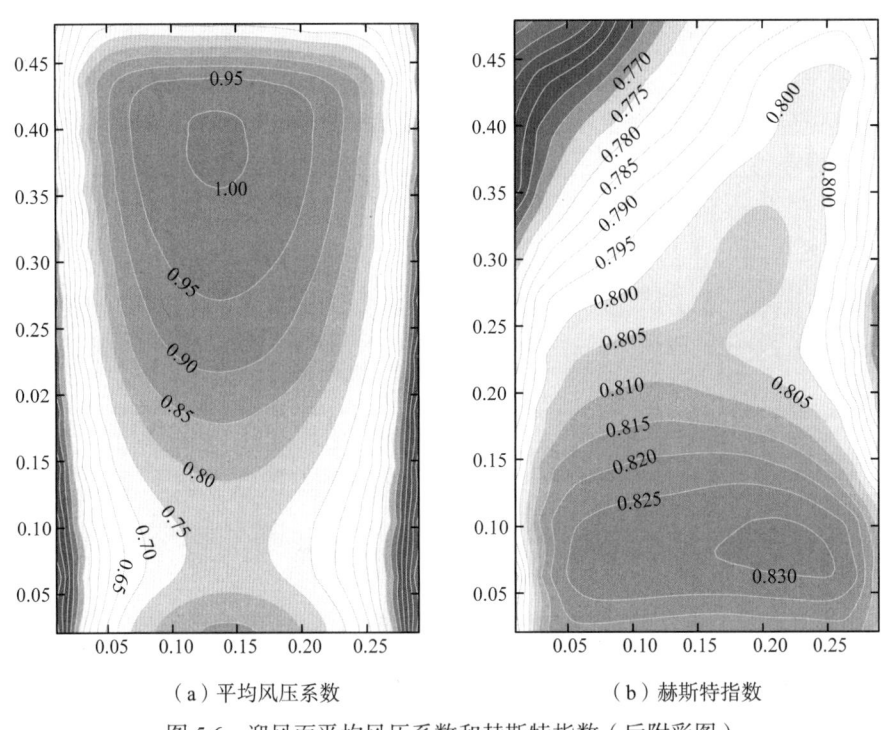

（a）平均风压系数　　　　（b）赫斯特指数

图 5.6　迎风面平均风压系数和赫斯特指数（后附彩图）

5.2.4 表面风压内插重构分析

在迎风面中心区域选择 171 号和 206 号测点作为预测点，插值算法分别采用样条插值法和本征正交分解（POD）- 克里金法，重构结果表明用样条插值法和本征正交分解 - 克里金法重构得到的风压数据与原始数据吻合得较好，本征正交分解 - 克里金法与样条模型的插值精度基本一致。事实上，内插插值精度优于外推插值精度，内插插值结果与原始数据基本一致。此外，边缘区域的 162 号测点其时间序列和频域重构的的差异可归因于样本数据稀疏和局部压力梯度增大。

(a) 162 号测点的原始数据与重构数据对比

(b) 171 号测点的原始数据与重构数据对比

(c) 206 号测点的原始数据与重构数据对比

(d) 162 号测点的重构功率谱对比　　(e) 171 号测点的重构功率谱对比

(f) 206 号测点的重构功率谱对比

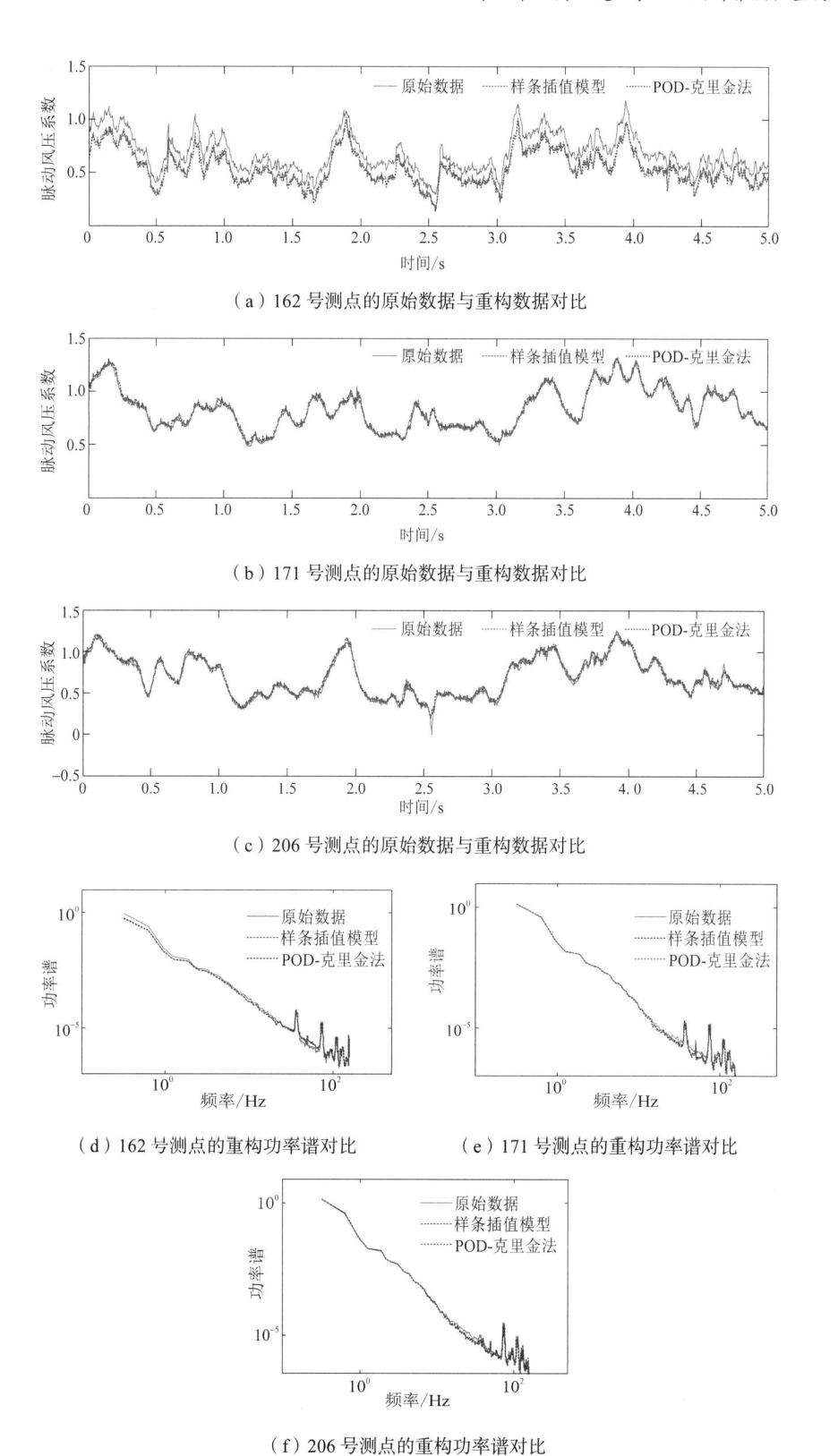

图 5.7　脉动风压系数原始数据与内插重构数据对比（后附彩图）

5.2.5 表面风压外推插值重构分析（Ⅰ）

为检验外推插值结果的有效性，本节采用风洞试验测得的原始数据作为目标数据，分析确定性插值方法与本征正交分解 - 克里金法在预测点重构方面的差异。在确定性插值方法中，样条插值法常用于内插风场重构。当采样点比较稀疏时，样条插值法的插值精度明显优于其他确定性插值方法。因此，为与本征正交分解 - 克里金法的外推插值风压场结果相比较，这里采用三次样条模型，该模型为罚样条回归模型（Vu-Bac et al.，2016），即在目标函数中加入样条基函数系数的二阶差分的和作为惩罚，以此来克服曲线对数据点过度拟合的问题。

通常选取表面边缘的测点作为研究对象，以检验风压场外推插值重构的计算精度。从图 5.8 给出的重构结果可以看出，本征正交分解 - 克里金法的外推插值精度优于三次样条模型。这是由于三次样条模型未考虑数据的局部变化特征，当数据波动幅度较大时，插值精度较低。值得注意的是，迎风面角部 1 号测点的外推插值重构采用改进的本征正交分解 - 克里金法，其可以得到较好的精度。

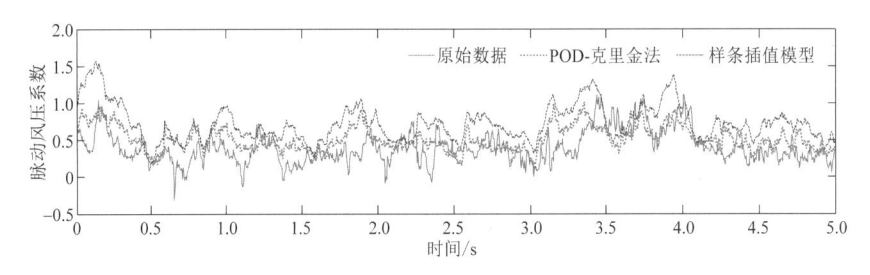

（a）1 号测点的原始数据与重构数据对比

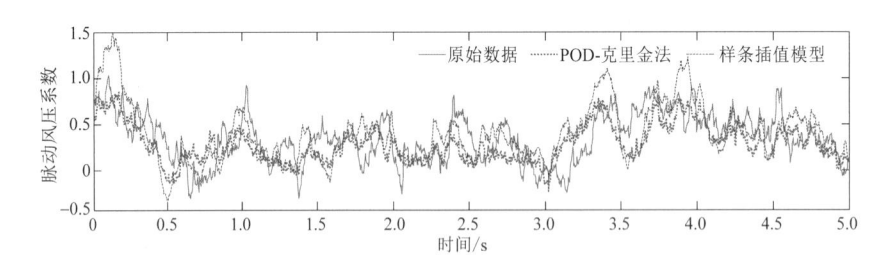

（b）7 号测点的原始数据与重构数据对比

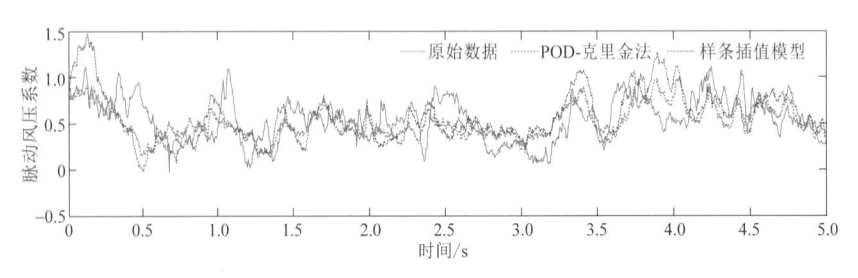

（c）13 号测点的原始数据与重构数据对比

(d) 1 号测点的重构功率谱对比

(e) 7 号测点的重构功率谱对比

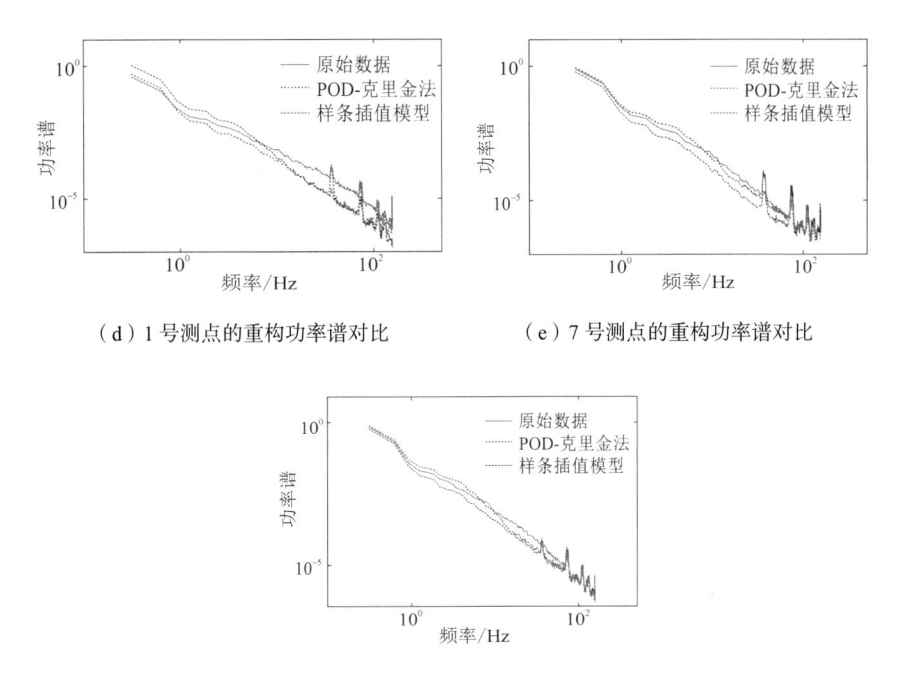

(f) 13 号测点的重构功率谱对比

图 5.8　脉动风压系数原始数据与外推插值重构数据对比（后附彩图）

5.2.6　表面风压外推插值重构分析（Ⅱ）

采用风洞试验原始数据，对使用本征正交分解 - 克里金法的不同变异模型的外推插值结果进行验证。从图 5.9 中可以看出，使用本征正交分解 - 克里金法的不同变异模型的外推插值结果趋势一致，但采用冯·卡门函数模型的外推插值精度优于线性变异模型，原因在于冯·卡门函数的几个可调参数具有先验性，能够反映出不同风压场的统计特性。例如，边缘区域的 401 号测点，其采用冯·卡门函数时的外推插值精度在高频段优于线性变异模型，同时在低频段也明显优于线性变异模型。

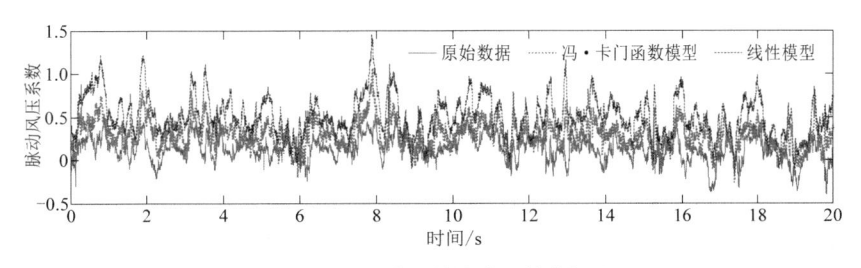

(a) 401 号测点的原始数据与重构数据对比

(b) 407 号测点的原始数据与重构数据对比

(c) 413 号测点的原始数据与重构数据对比

(d) 401 号测点的重构功率谱对比　　(e) 407 号测点的重构功率谱对比

(f) 413 号测点的重构功率谱对比

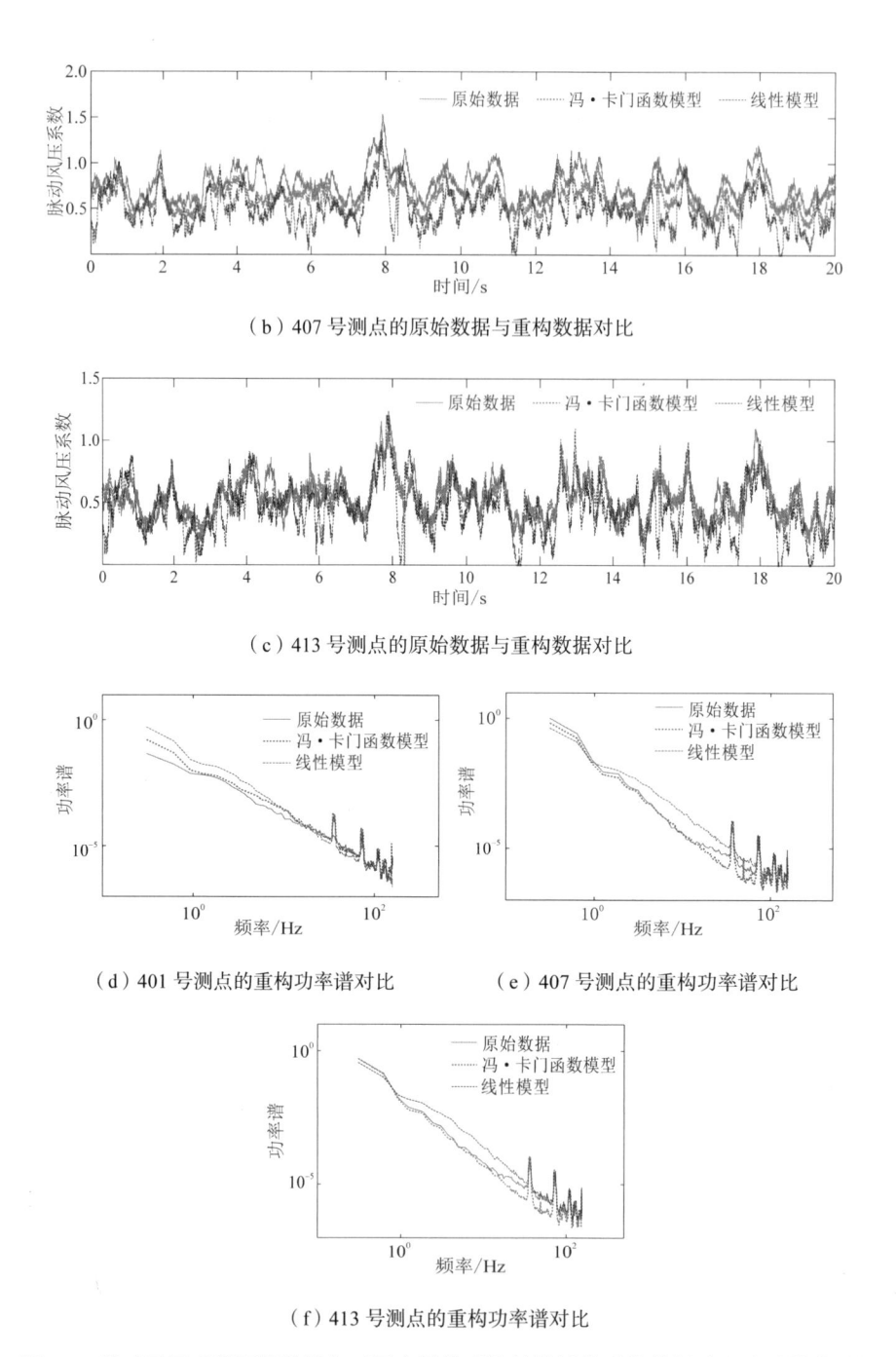

图 5.9　脉动风压系数原始数据与不同变异模型的外推插值重构数据对比（后附彩图）

5.2.7　表面风压外推插值非高斯特性分析

从表 5.1 中可以看出，采用本征正交分解-克里金法和 POD/三次样条法重构的数据的根方差与原始数据的根方差基本一致，在统计意义上本征正交分解-克里金法的重构均方根更接近原始数据。峰度和偏度反映了数据的高斯分布特性，对于偏度，三者基本一致；但对于峰度，本征正交分解-克里金法的重构数据峰度与标准高斯分布（峰度为3）的偏差在1以内，基本满足高斯分布特征，而POD/三次样条法的重构数据峰度与标准高斯分布（峰度为3）的偏差大于1，具有明显的非高斯特性。因此，分析结果证实了边缘区域数据外推插值重构采用合适方法的重要性和必要性。

表 5.1 外推插值结果与原始数据的统计结果对比

	tap 1	POD/KV-1	POD/CS-1	tap 7	POD/KV-7	POD/CS-7	tap 13	POD/KV-13	POD/CS-13
样本容量	32768	32768	32768	32768	32768	32768	32768	32768	32768
平均值	0.4780	0.5173	−0.1159	0.6890	0.8930	0.2910	0.6410	0.6490	0.0073
根方差	0.237	0.234	0.301	0.242	0.257	0.255	0.241	0.242	0.265
偏度	0.305	0.445	0.365	0.255	0.393	0.299	0.194	0.453	0.222
峰度	−0.072	0.306	1.059	−0.023	0.216	1.064	−0.015	0.805	1.041
最小值	−0.7510	−0.2635	−1.4190	−0.1500	−0.0219	−0.8028	−0.3040	−0.2868	−1.1527
最大值	1.5260	1.6700	1.7990	1.8240	2.1760	1.8396	1.5994	1.9584	1.5622

注：tap 1代表1号测点原始数据；POD/KV-1代表采用本征正交分解-克里金法得到的外推插值结果；POD/CS-1代表采用POD/三次样条法得到的外推插值结果。

综上所述，本征正交分解（POD）法是将大量高维数据转化为低维数据的一种常用方法，处理随机振动时能够在满足计算精度要求的前提下节约计算资源。通过POD可从原始数据中分离出与时空相关的模态向量，并用于预测点空间模态向量的扩展。

克里金法是一种基于先验协方差的插值方法，它依赖于半变异模型。为了满足平稳性的有效性，应计算出间隔距离与原始数据方差的相关性。在迎风面表面风压脉动数据是符合高斯分布特征，见表5.1。值得注意的是，克里金法依赖于包含不确定性的半变差函数。

半变异模型可量化数据自身的相关性，即间隔距离越近越相关；反之，趋于不相关。因此，确定一个合适的半变异模型非常关键。冯·卡门函数是一组变异函数模型，不同的赫斯特指数对应不同的衰减率。值得注意的是，赫斯特指数揭示了表征风压场随机过程的分形尺度。

为满足二阶平稳或弱平稳的要求，克里金法对于突变区域的风压变化并非最优估计。例如，在边缘区域测点风压的变化梯度较大时，克里金法可能无法准确捕捉这种剧烈变化。但是，对于任意一个预测点的空间位置，都可通过先验评估得到赫斯特指数，与已知的原始数据越接近，重构数据精度越高，这是基于冯·卡门函数的本征正交分解-克里金法的外推插值精度优于其他插值方法的重要原因。

5.3 本章小结

建筑物周围的风压场是抗风设计需要考虑的一个重要因素。然而，现场测量数据表明在边缘或拐角处存在较大的风压梯度，风致围护破坏机理复杂，而基于冯·卡门函数的本征正交分解 - 克里金法在风场重构预测方面是一个高效的方法。本章主要的研究内容和研究成果如下。

（1）提出了基于冯·卡门函数的本征正交分解 - 克里金法，该方法提高了脉动风压外推插值重构精度。在样本点较为稀疏的前提下，其计算结果明显优于确定性方法，同样也优于线性变异模型，特别是在边缘或角部区域重构精度明显提升。因此，对于有限的样本点数据，本章所提出的风压场外推重构方法是有效的。

（2）对于建筑围护边缘处的脉动风压，应采用风压场空间插值法或克里金法合适的变异模型（如冯·卡门函数），且应深入研究它们在脉动风压场测量分析方面的应用。

（3）通过 R/S 分析得到的赫斯特指数，可用于描述时间序列长期记忆特征。本书分析得到的迎风面赫斯特指数在 $[0.75,0.83]$ 范围内，表明脉动风压呈长期正相关，即自相似过程。另一个重要因素是相关长度，它可能与建筑物高度或宽度的特征尺度有关。

（4）迎风面上的测压数据呈现出高斯分布的特征假设，本书所提出的改进方法能够取得较高的外推插值重构精度。然而，其对于侧风面和背风面负风压区外推重构的有效性，今后仍需进一步研究。

第 6 章

超高层建筑风振控制分析

6.1 项目概况

本章所分析的项目位于南昌市，总建筑面积为 303469 m²，包括一栋 58 层超高层办公楼、一栋 25 层高层办公楼、4 层商业及下沉地下商业广场，集办公、商场、娱乐、酒店于一体。超高层办公楼（图 6.1）屋面标高为 249.7 m，机房屋面标高为 259.9 m，至檐口极点的高度为 271.9 m，平面尺寸为 43.8 m×43.8 m，1～4 层的层高分别为 6.0 m、5.7 m、5.7 m、5.7 m，5 层及 5 层以上 [除 5 层（设备转换层）、10 层和 26 层（避难层）为 5.7 m 及 42 层（避难层）为 4.5 m 外] 均为 4.1 m。

超高层办公楼建筑高度为 249.7 m，平面形状为正方形，整个结构布置基本对称，结构型式采用框架-核心筒结构。利用建筑物中心部位的楼、电梯墙体设置核心钢筋混凝土筒体（图 6.2），外围框架柱与核心混凝土筒体通过有梁板结构连接，框架柱、核心筒体混凝土墙的布置主要按以下原则确定：核心筒体外墙的厚度为 1050～400 mm，由下至上均匀递减，为保证楼、电梯间内上下层尺寸一致，核心筒体厚度在核心筒体外侧变化，核心筒体最小尺寸为 21.8 m×21.8 m，大于建筑物面高度（249.9/12=20.825 m）。外围框架柱截面为 1.4 m×1.4 m～0.8 m×0.8 m，由下至上均匀减小，保持截面外平。

项目主要受风荷载和地震作用影响。①风荷载基本风压：50 年一遇的基本风压为 0.45 kN/m²，设计结构承载力时按基本风压的 1.1 倍取值，10 年一遇的基本风压为 0.3 kN/m²。②地震作用：工程抗震设防烈度为 6 度，设计基本地震加速度为 0.05 g，设计地震分组为第一组，场地类别为 II 类。

根据我国《高层建筑混凝土结构技术规程》（JGJ 3—2010）的规定，建筑屋面高度为 249.7 m，超过规范规定的 B 级高度 39.7 m，属于超 B 级高度的高层建筑。对于超高层建筑结构设计而言，风荷载和地震水平作用所产生的侧向振动效应是设计时需要考虑的主要方面，尤其是风荷载的作用。经初步试算，在 10 年一遇的基本风压（0.3 kN/m²）作用下，建筑顶部顺风向加速度为 0.16225 m/s²，横风向加速度为 0.1722 m/s²，均大于《高

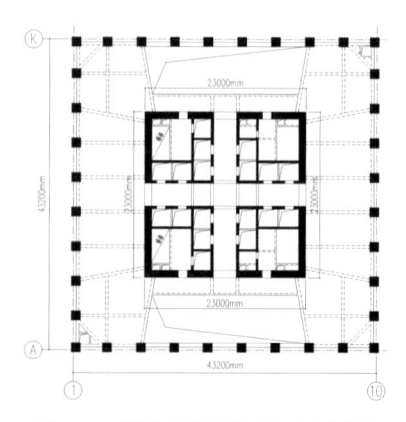

图 6.1　建筑三维鸟瞰图　　　图 6.2　高层建筑结构平面布置图

层建筑混凝土结构技术规程》（JGJ 3—2010）规定的住宅、公寓建筑顶点最大加速度限值 0.15 m/s²。因此，有必要采取有效的风振减振措施，以减小结构的振动响应，提高居住的舒适性、使用的安全性和减少财产损失，满足规范的限值要求。为此，本书采用速度型阻尼器对结构进行减振控制。

6.2 结构风振控制方案

由于结构平面形状为正方形，沿两个平动方向的构件布置、两个方向的结构刚度基本相同，因此，沿两个方向布置阻尼器的数量、型号、参数均相同。黏弹性阻尼器和黏滞阻尼器在很小的位移下能够发挥耗能特性，其中黏滞阻尼器在工作状态下不会增加结构刚度，是结构抗风设计中更为合适的选择。根据业主的要求，阻尼器必须设置在伸臂桁架层（42 层为避难层），该层为层间位移较大的楼层。将结构 X 方向的 C-C 轴和 C-H 轴、结构 Y 方向的 C-3 轴和 C-8 轴的斜撑替换为呈对角形式安装的黏滞阻尼器支撑（图 6.3）。

在每条轴线上设置 4 个黏滞阻尼器，共设置 16 个阻尼器。阻尼器采用非线性黏滞阻尼器，阻尼系数为 400 kNs/mm，阻尼指数为 0.3，阻尼器最大出力为 1200 kN，行程为 ±50 mm，最大运行速率为 300 mm/s。

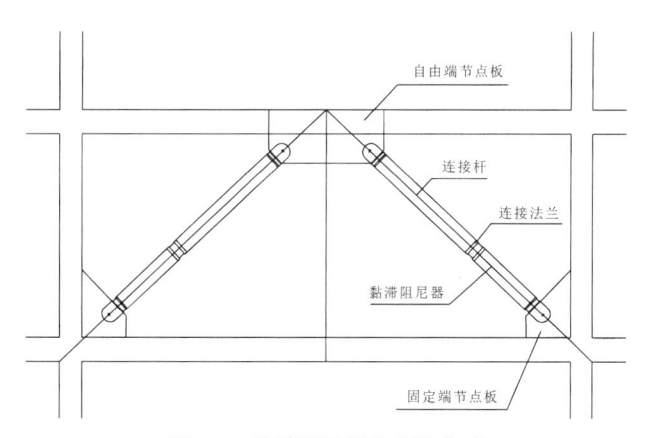

图 6.3 黏滞阻尼器的安装方式

6.3 高层建筑脉动风荷载数值模拟

根据第 2～4 章提及的顺风向、横风向和扭转向风荷载的数值模拟方法，模拟超高层建筑三个方向的脉动风荷载时程。风荷载时程模拟的基本参数见表 6.1，结构模型参数见表 6.2。

表 6.1　脉动风荷载模拟的基本参数

参数	内容
基本风压 /(kN/m²)	0.3（10 年一遇）、0.45（50 年一遇）
地貌类别	B 类
地面粗糙度指数	0.15
梯度风高 /m	350
模拟风荷载的时间长度 /s	600
模拟时间步长 /s	0.1
顺风向脉动风谱	达文波特谱
横风向力功率谱	横风向风力谱系数（AIJ，2015）
扭转向扭矩功率谱	基底扭矩功率谱（唐意等，2009）

表 6.2　结构模型参数

参数		内容
结构总重量 /t		199287
建筑几何尺寸	高度 /m	271.9
	宽度 /m	43.2
	深度 /m	43.2
结构前三阶模态	T1/s	5.28（Y 向平动）
	T2/s	5.23（X 向平动）
	T3/s	3.40（绕 Z 轴转动）
结构阻尼比		0.02
建筑体型系数		1.4

图 6.4 给出了建筑顶部脉动风速时程曲线、模拟功率谱和目标功率谱（达文波特谱）的对比结果，谐波合成法所模拟得到的功率谱与目标谱吻合得较好，基本覆盖了结构自振频率范围，模拟结果具有较高的可靠性。图 6.5 展示了建筑顶部脉动总风速（包括脉

(a) 脉动风速时程曲线

(b) 功率谱对比

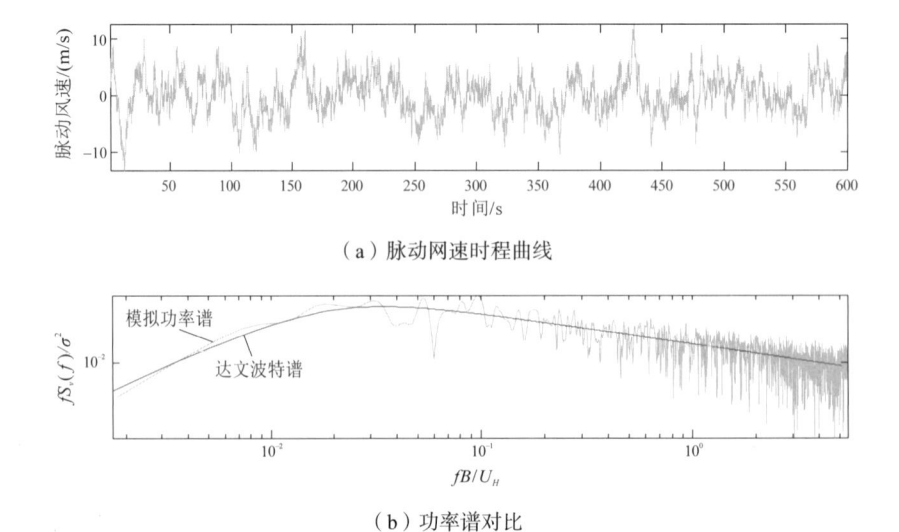

图 6.4　建筑顶部模拟脉动风速时程与功率谱对比

(a)脉动总风速时程曲线

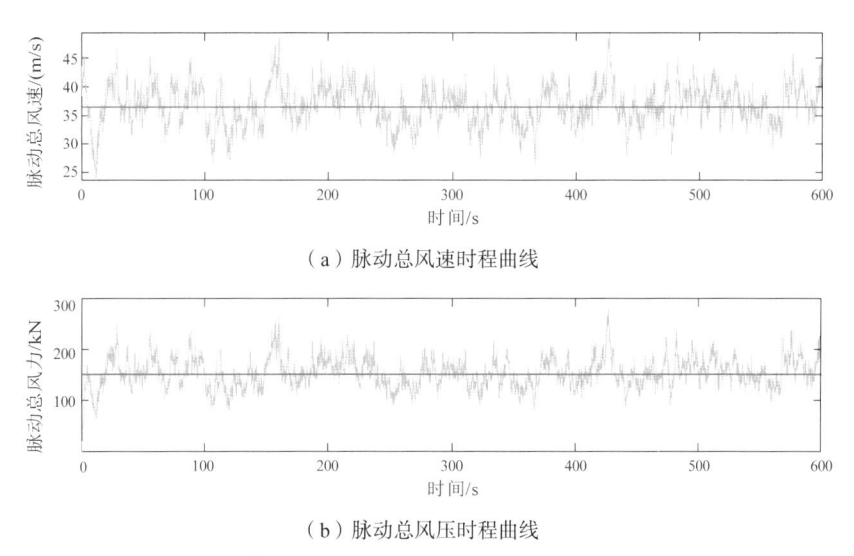

(b)脉动总风压时程曲线

图 6.5　建筑顶部模拟脉动总风速时程与总风力时程

动分量和平均分量)和总风力时程,为避免开始计算时出现结构振荡,前 50 步风力采取渐变处理。

图 6.6 和图 6.7 分别给出了建筑屋面层和 42 层模拟脉动风力时程曲线、模拟功率谱与目标功率谱 [AIJ(2015)建议值] 对比结果。由图可知,脉动风力时程随时间的变化具有随机性,反映出风力谱的单峰值、窄带宽特性,模拟得到的功率谱密度函数曲线与目标功率谱具有较好的吻合性,横风向脉动风力随高度增加而增大。

图 6.8 和图 6.9 分别给出了建筑屋面层和 42 层脉动扭转风荷载时程曲线、模拟功率谱与目标功率谱的对比结果。由图可知,脉动扭转风荷载时程随时间的变化具有随机性,呈现出扭转风荷载谱具有双峰值特性,模拟得到的功率谱密度函数曲线与目标功率谱具有较好的吻合性,横风向脉动风力随高度增加而增大。

(a)横风向脉动风力时程曲线

(b)功率谱对比

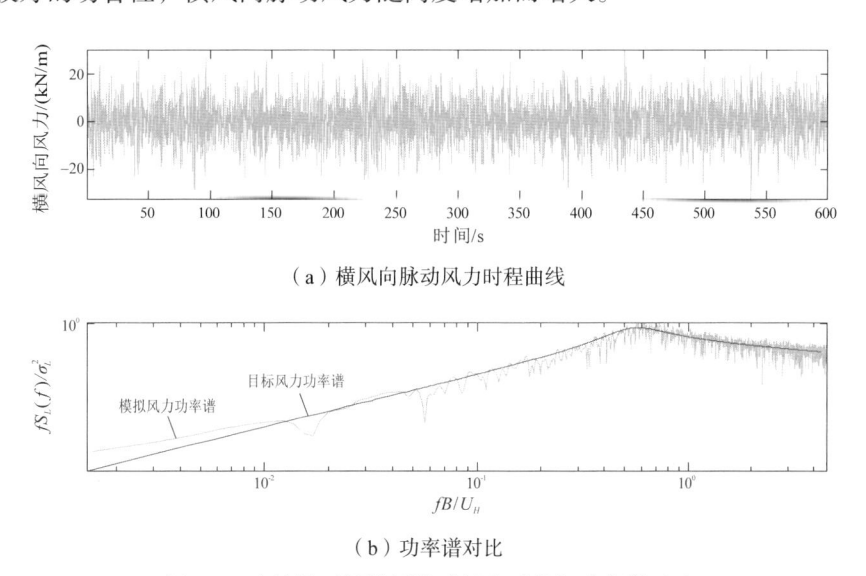

图 6.6　建筑屋面层模拟脉动风力时程与功率谱对比

(a)横风向脉动风力时程曲线

(b)功率谱对比

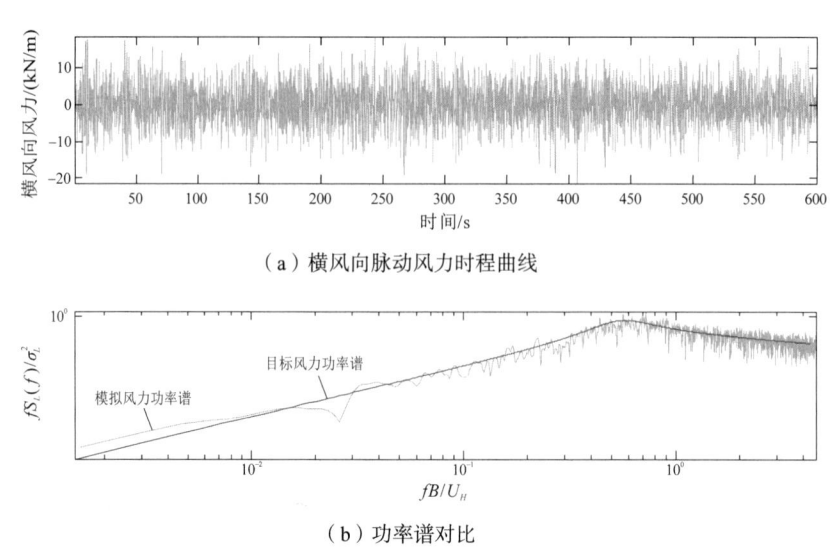

图 6.7　建筑 42 层模拟脉动风力时程与功率谱对比

(a)脉动扭转风荷载时程曲线

(b)功率谱对比

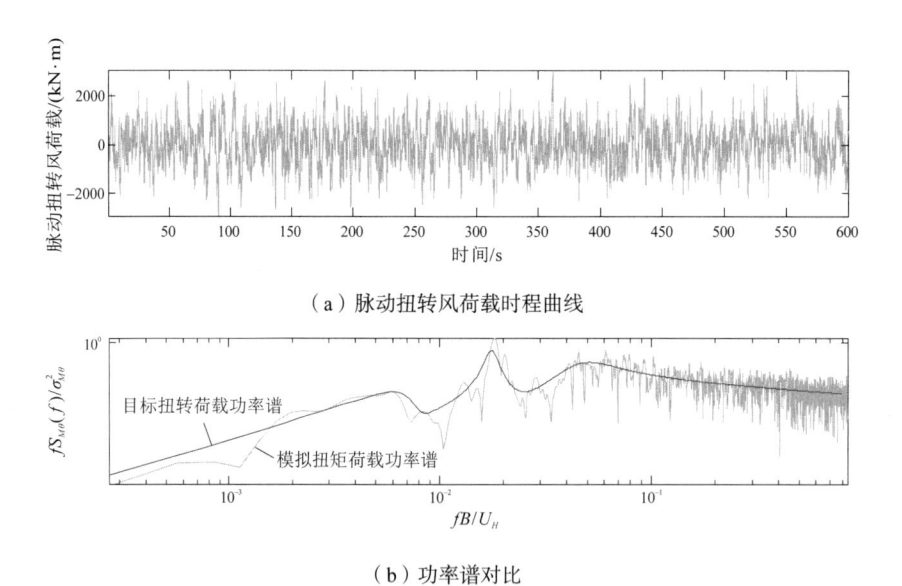

图 6.8　建筑屋面层模拟脉动扭转风荷载时程与功率谱对比

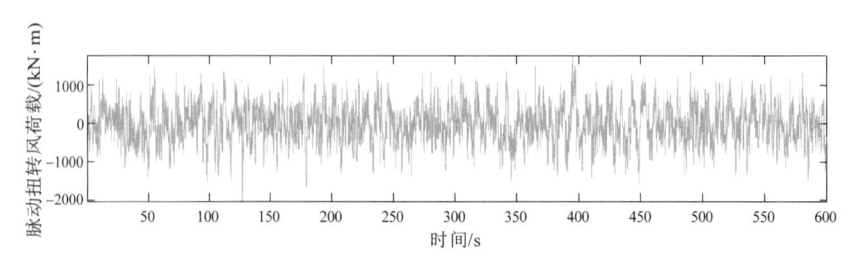

(a)脉动扭转风荷载时程曲线

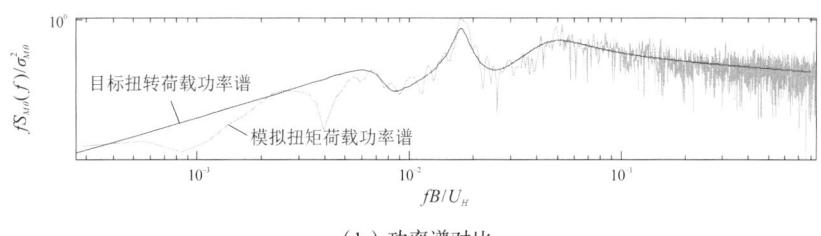

（b）功率谱对比

图 6.9　建筑 42 层模拟脉动扭转风荷载时程与功率谱对比

6.4　建筑风振控制方案分析

采用有限元软件进行分析，首先建立三维有限元模型，剪力墙采用壳单元离散，梁、柱采用空间杆单元离散，楼板采用膜单元。根据我国《高层建筑混凝土结构技术规程》（JGJ 3—2010）的规定，宜考虑利用平扭耦联计算结构的扭转效应，振型数量不小于15，且各阶振型参与质量之和不小于总质量的 90%。表 6.2 给出了结构前三阶振型的周期，第一阶振型和第二阶振型以平动为主，第三阶振型出现扭转，平扭比为 0.65，扭转效应相对较弱。

1. 顺风向风振控制效果评估

结构侧向位移和加速度随着建筑高度的增加而增大，顶部楼层的变化趋势较大，风振控制的目的在于控制顶部结构的风振响应，满足规范的要求。图 6.10 给出了结构顶层加速度响应曲线，采取风振控制时，风振减振效果较为明显，顶层峰值加速度从 0.1620 m/s² 降至 0.1316 m/s²，降低约 18.8%。

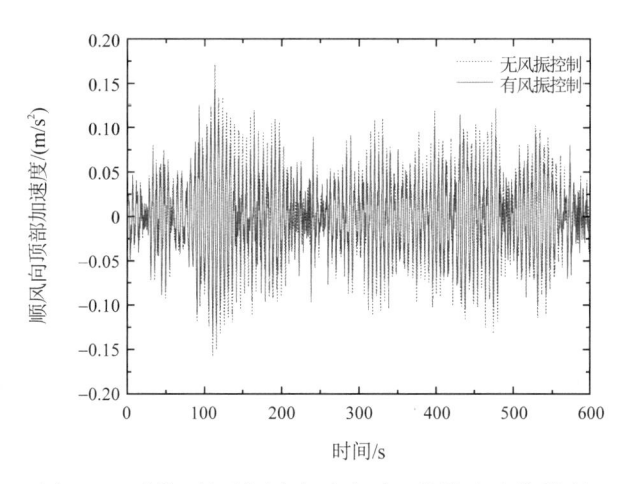

图 6.10　建筑顶部顺风向加速度时程曲线（后附彩图）

2. 横风向风振控制效果评估

图 6.11 给出了无风振控制和有风振控制下结构顶层的横风向加速度响应曲线。高层建筑的横风向风致振动机理与顺风向风致振动机理不同，即由旋涡有规律地脱落造成，结构的振动与气动荷载和结构自身振动特性有关。由于结构自身耗能有限，采取风振控制时，风振减振效果较为明显，顶层峰值加速度从 0.172 m/s² 降至 0.06 m/s²，能够有效控制结构顶部的横风向加速度振动响应，满足规范的要求。

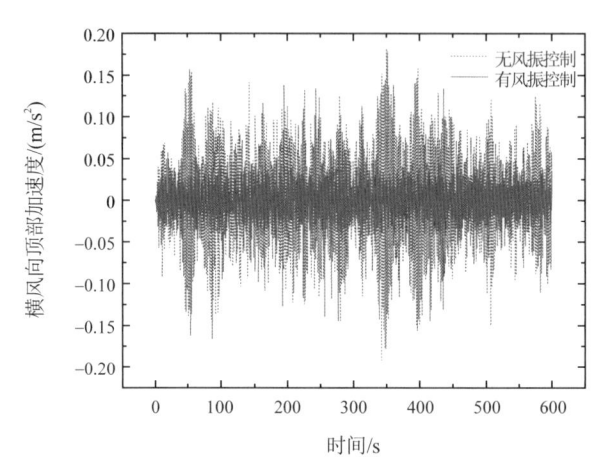

图 6.11 建筑顶部横风向加速度时程曲线（后附彩图）

3. 扭转向风振控制效果评估

图 6.12 给出了无风振控制和有风振控制时结构顶层的扭转角加速度响应曲线。高层建筑的扭转向风致振动机理与横风向风致振动机理类似，即由建筑物表面风压不对称、横风向紊流、建筑尾流区旋涡脱落共同作用所致，结构的振动同样与气动荷载和结构自身的振动特性有关。采取平动方向风振控制时，风振减振效果明显，顶层峰值

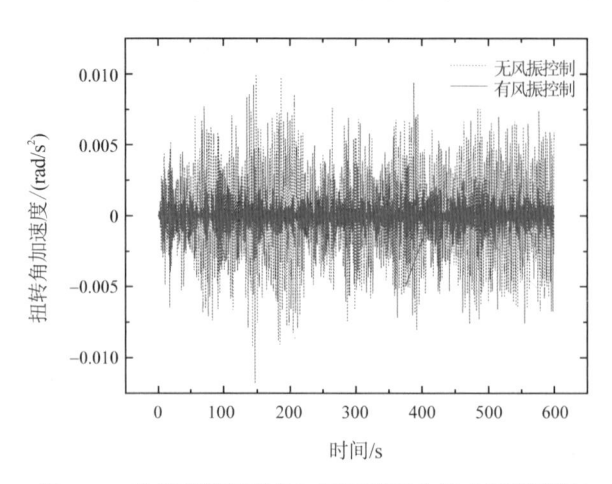

图 6.12 建筑顶部扭转角加速度时程曲线（后附彩图）

加速度从 0.00997 m/s² 降至 0.00278 m/s²,能够有效控制结构顶部的扭转角加速度振动响应。

6.5 本章小结

本章以一个超高层建筑工程实例为例,结合平扭脉动风荷载数值模拟方法,研究了在考虑黏滞阻尼器控制装置的情况下结构的振动响应变化规律。根据研究结果,结构在三个方向下的减振效果明显,结构风致振动得到有效控制,居住的舒适性得到提高。其中,顺风向峰值加速度降低约 18.8%,横风向和扭转向减振效果更为显著,说明本书所提出的平扭脉动风荷载模拟方法可以有效评估风振下的结构振动响应。

第 7 章

结论与展望

7.1 结 论

本书以强风下结构风致振动响应、建筑外围护风损为背景,系统研究了高层建筑顺风向、横风向、扭转向脉动风荷载激励模拟和高层建筑表面风压场重构;以超高层建筑结构风振为例,研究了在结构增加黏滞阻尼器的情况下顶层加速度的响应规律,顺风向峰值加速度可降低 18.8%,横风向和扭转向减振效果更为显著。本书对平扭脉动风荷载的研究成果主要包括以下几个方面。

(1)顺风向脉动风激励数值模拟与风致振动。本书研究了基于达文波特谱、卡曼谱、冯·卡门谱三种风速谱的脉动风速时程模拟。基于结构加速度相应统计结果分析可知,达文波特谱会高估加速度响应约 37%,卡曼谱会低估加速度响应约 21%,冯·卡门谱与我国荷载规范中的加速度根方差、UND 数据库中的加速度根方差吻合得较好。在考虑气动阻尼比的情况下,顺风向加速度均值和位移均值几乎没有受到影响,但加速度根方差减小 5%~16%,位移根方差减小 5%~20%。

(2)横风向脉动风力数值模拟与风致振动。本书提出了一种改进的矩形高层建筑横风向脉动激励模拟方法,考虑了楼层质量分布对建筑横风向脉动风力的影响。模拟得到的横风向脉动风力功率谱与目标功率谱吻合得较好,能够准确反映横风向风力谱的窄带宽峰特性,横风向加速度响应根方差小于 UND 数据库中的数据约 10%。研究表明横风向第 1 阶振型主导结构振动,第 2 阶振型对结构加速度的贡献也较大。当设置黏滞阻尼器后,第 2 阶频率对应的功率谱峰值减小得较为明显,峰值降低约 43.1%,因此计算加速度时要考虑高阶振型的影响,至少该方向上须计算前 2 阶振型。值得注意的是,当折减风速处在 [9.07,12.70] 范围内时,随着折减风速的增加,结构振动逐步呈现出"锁定"现象。当折减频率约为 10.02 时,顶部位移达到最大横风向位移峰值,较不考虑气动阻尼比时,位移根方差增大约 57.2%。因此,进行结构抗风设计时应采取有效措施避开该范围的气动效应。

(3)脉动扭矩时程数值模拟与风致振动。本书提出了一种高层建筑脉动扭矩时程模拟方法,考虑了建筑层间转动惯量分布对建筑横风向脉动扭矩的影响,建筑顶部扭转角加速度计算结果与 AIJ(2015)计算结果吻合得较好,能反映不同深宽比下的扭转角加速度振动特征。在时域内得到的扭转角加速度响应平均根方差大于 UND 数据库中的数据 11% 左右,在统计意义上一致。此外,结构扭转振动频率以扭转第一阶振型为主,扭转角加速度振动周期约为顺风向振动周期的 2/3。

(4)高层建筑表面脉动风压场的外推插值重构。本书提出了一种改进的本征正交分解 - 克里金法,将冯·卡门函数引入算法,提高了脉动风压场外推插值重构精度,特别是边缘或角部区域风压场重构。引入冯·卡门函数作为变异函数是由于赫斯特指数和风场相关长度具有一定的先验性,可通过已知的测量数据确定先验参数的取值,使该模型在具体计算过程中具有一定的风压场统计特征。由重标极差分析法得到的建筑迎风面随

机分形尺度在 [0.75,0.83] 范围内，表明数据的时间序列具有长期记忆效应，属于自相似随机过程。迎风面上的风压数据呈现出高斯分布特征时，本书所提出的改进方法能够取得较高的外推插值重构精度。

7.2 创新点

（1）利用不同风速谱模拟了高层建筑顺风向脉动激励，在时域内研究了典型的风速谱、顺风向气动阻尼对结构风振响应的影响规律。

（2）提出了一种改进的矩形高层建筑横风向脉动激励模拟方法，在时域内研究了横风向气动阻尼比和黏滞阻尼器对结构响应的影响规律。

（3）提出了一种矩形高层建筑脉动扭矩模拟方法，以研究在时域内扭转脉动扭矩作用下结构的响应规律。

（4）提出了一种改进的本征正交分解-克里金法，研究了高层建筑迎风面边缘风压场的外推插值重构。

7.3 展　望

高层建筑对风荷载的作用非常敏感，随着建筑体型的复杂化和结构减振设备的多样化，在时域内对高层建筑进行分析非常重要。本书力求对高层建筑多维风场的风振时程进行深入的研究分析，但由于时间有限，部分内容尚待进一步研究，主要包括以下几个方面。

（1）研究了高层建筑顺风向、横风向和扭转向脉动风荷载时程模拟，但是三个方向的激励是独立的，尚未考虑三者在空间和时间上的相关性以及结构振动的耦合效应。

（2）用于检验本书研究成果的试验模型仅针对典型的矩形截面高层建筑，对于一些体型复杂的风洞试验模型的横风向基底风力谱和扭转向基底扭矩谱，模拟的适用性有待进一步研究。

（3）目前流固耦合（FSI）数值模拟技术是结构风工程领域的研究热点之一，未来将通过三维风场的模拟算法、计算网格大小、计算时间步长的选择、大涡模拟技术、FSI边界的耦合算法、计算时间效率等，对结构气弹效应作用机理做进一步探索。

（4）仅研究了迎风面边缘区域预测点的脉动风压场外推插值重构，对于侧风面和背风面负风压区外推重构的有效性，须进一步研究。

（5）提出的改进的本征正交分解-克里金法中，主要是点克里金算法，对于可分为多个片区的大跨度屋面，采用块克里金算法时是否有更高的计算精度，有待进一步研究。

参 考 文 献

董军,邓洪洲,刘学利,2000.高层建筑脉动风荷载时程模拟的 AR 模型方法 [J]. 南京建筑工程学院学报(2): 20-25.

葛楠,侯爱波,周锡元,2007.矩形高层建筑结构扭转风振反应时程的分析计算 [J]. 建筑科学, 23 (5): 5-10.

葛楠,周锡元,侯爱波,2006.利用人工模拟脉动风压计算高层建筑横风向风振动力反应时程 [J]. 空间结构,12 (2): 22-27.

顾明,叶丰,2006.高层建筑的横风向激励特性和计算模型的研究 [J]. 土木工程学报,39 (2):1-5,26.

贺斌,全涌,冯成栋,等,2023.基于大涡模拟的偏转风场下非扭转建筑与非偏转风场下扭转建筑的风荷载等效性研究 [J]. 建筑结构,53 (S2): 2175-2181.

黄本才,汪丛军,2008.结构抗风分析原理及应用 [M]. 2 版.上海:同济大学出版社.

李方慧,倪振华,谢壮宁.2005.POD 方法在重建双坡屋盖风压场中的应用 [J]. 工程力学,22 (S1): 176-182.

李杰,2017.论第三代结构设计理论 [J]. 同济大学学报,45 (5): 617-624,632.

李杰,刘章军,2008.随机脉动风场的正交展开方法 [J]. 土木工程学报,41 (2): 49-53.

李璟,韩大建,2009.本征正交分解法在屋盖结构风场模拟中的应用 [J]. 工程力学,26 (3): 64-72.

李寿英,陈政清,2010.超高层建筑风致响应及等效静力风荷载研究 [J]. 建筑结构学报,31 (3): 32-37.

李永贵,2012.高层建筑风荷载与风致弯扭耦合响应研究 [D]. 长沙:湖南大学.

李永贵,李秋胜,戴益民,2015.矩形截面高层建筑扭转向脉动风荷载数学模型 [J]. 工程力学, 32 (6): 177-182.

梁枢果,1998.高层建筑耦联风振响应分析 [J]. 武汉水利电力大学学报,31 (3): 28-34.

梁枢果,刘胜春,张亮亮,等,2003.矩形高层建筑扭转动力风荷载解析模型 [J]. 地震工程与工程振动,23 (3): 74-80.

梁枢果,瞿伟廉,李桂青,1991.高层建筑横风向与扭转风振力计算 [J]. 土木工程学报,24 (4): 65-73.

刘锡良,周颖,2005.风荷载的几种模拟方法 [J]. 工业建筑,35 (5): 81-84.

刘章军,万勇,曾波,2014.脉动风速过程模拟的正交展开-随机函数方法 [J]. 振动与冲击,33 (8): 120-124.

罗俊杰，韩大建，2007. 谐波合成法模拟随机风场的优化算法 [J]. 华南理工大学学报，35（7）：105-109.

孟令兵，昂海松，2014. 基于 CFD/CSD 分区耦合的气动弹性数值模拟 [J]. 应用力学学报，31（6）：871-877，993.

欧进萍，吴斌，龙旭，1998. 耗能减振结构的抗震设计方法 [J]. 地震工程与工程振动，18（2）：98-107.

潘东民，2016. 基于湍流脉动压力的高层建筑横风向风振时程分析 [D]. 哈尔滨：哈尔滨工业大学．

乔普拉，2007. 结构动力学：理论及其在地震工程中的应用 [M]. 2 版．谢礼立，吕大刚，译．北京：高等教育出版社．

秦付倩，2012. 风场分形特性及缺失数据插补研究 [D]. 长沙：湖南大学．

全涌，2002. 超高层建筑横风向风荷载及响应研究 [D]. 上海：同济大学．

全涌，顾明，2006. 高层建筑横风向风致响应及等效静力风荷载的分析方法 [J]. 工程力学，23（9）：84-88.

日本建筑学会，2010. 建筑风荷载流体计算指南 [M]. 北京：中国建筑工业出版社．

施天翼，邹良浩，梁枢果，2020. 基于强迫振动的高层建筑扭转向气弹效应 [J]. 湖南大学学报，47（1）：93-99.

舒新玲，周岱，王泳芳，2002. 风荷载测试与模拟技术的回顾及展望 [J]. 振动与冲击，21（3）：6-10，25.

孙业华，宋固全，2019. 矩形高层建筑风致脉动扭矩时程模拟 [J]. 应用力学学报，36（6）：1457-1463，1527-1528.

孙业华，宋固全，廖伟盛，等，2018. 矩形截面高层建筑横向风激励时程模拟 [J]. 应用力学学报，35（6）：1346-1352，1426.

唐龙飞，刘昭，郑朝荣，等，2022. 偏转风场下方形截面超高层建筑风致响应与气弹效应研究 [J]. 建筑结构学报，43（12）：20-30.

唐意，2006. 高层建筑弯扭耦合风致振动及静力等效风荷载研究 [D]. 上海：同济大学．

唐意，顾明，金新阳，2007a. 矩形截面高层建筑扭转方向脉动风力 I：基本特征 [C]// 中国土木工程学会桥梁与结构工程分会风工程委员会．第十三届全国结构风工程学术会议论文集（上册）：84-90.

唐意，顾明，全涌，2007b. 高层建筑的扭转风荷载功率谱密度 [J]. 同济大学学报，35（4）：435-439.

唐意，顾明，全涌，2009. 矩形截面超高层建筑风致脉动扭矩的数学模型 [J]. 建筑结构学报，30（5）：198-204.

唐意，顾明，全涌，2010. 矩形超高层建筑横风向脉动风力 Ⅱ：数学模型 [J]. 振动与冲击，29（6）：46-49，234.

唐意，严亚林，金新阳，2011. 高层建筑风荷载相干性研究 [J]. 建筑结构，41（11）：121-124.

项海帆，1997. 结构风工程研究的现状和展望 [J]. 振动工程学报，10（3）：258-263.

肖天鉴，梁波，田村幸雄，2003. 高层建筑扭转风向动力风荷载数学模型 [J]. 华中科技大学学报，20（3）：67-70.

星谷胜，1977. 随机振动分析 [M]. 常宝琦，译. 北京：地震出版社.

宣颖，谢壮宁，2019. 大跨度金属屋面风荷载特性和抗风承载力研究进展 [J]. 建筑结构学报，40（3）：41-49.

闫渤文，丁文浩，魏民，等，2024. 偏转风作用下方形截面超高层建筑风效应研究 [J/OL]. 工程力学：1-13［2024-4-17］. http://kns.cnki.net/kcms/detail/11.2595.O3.20230417.1138.006.html.

严佳慧，李永贵，李毅，等，2023. 湍流特性对高层建筑风力特性的影响研究 [J]. 实验力学，38（2）：276-284.

杨庆山，单文姗，田村幸雄，等，2023. 高层建筑脉动风荷载特性 [J]. 土木工程学报，56（5）：1-17，88.

姚博，全涌，顾明，2016. 基于概率分析的高层建筑风荷载组合方法 [J]. 同济大学学报（自然科学版），44（7）：1032-1037，1083.

叶丰，2004. 高层建筑顺、横风向和扭转方向风致响应及静力等效风荷载研究 [D]. 上海：同济大学.

叶辉，熊红兵，陆灏，等，2016. 动网格模拟风振对超大瘦高型冷却塔风荷载的影响 [J]. 应用力学学报，33（6）：963-969，1115.

余先锋，谢壮宁，于怀懿，2015. 高层建筑间风致扭转干扰效应的试验研究 [J]. 建筑结构学报，36（11）：78-83.

袁家辉，陈水福，刘奕，2023. 矩形高层建筑气动基底力矩系数研究 [J]. 哈尔滨工业大学学报，55（9）：54-62.

袁家辉，陈水福，夏俞超，等，2024. 矩形高层建筑顺风向脉动风荷载空间相关性 [J/OL]. 北京航空航天大学学报：1-13［2024-3-19］. https://doi.org/10.13700/j.bh.1001-5965.2023.0828.

张建胜，武岳，沈世钊，2007. 结构风振极值分析中的峰值因子取值探讨 [J]. 铁道科学与工程学报，4（1）：28-32.

张磊，李波，甄伟，2023. 某大宽厚比超高层建筑风致扭转效应及风振控制研究 [J]. 建筑结构学报，44（4）：87-97.

张相庭，1985. 结构风压和风振计算 [M]. 上海：同济大学出版社.

张相庭，2006. 结构风工程：理论规范实践 [M]. 北京：中国建筑工业出版社.

周杨，2008. 应用谱本征变换模拟高层风速时程 [D]. 汕头：汕头大学.

周云，2009. 结构风振控制的设计方法与应用 [M]. 北京：科学出版社.

Abramowitz M, Stegun I A, 1965. Handbook of mathematical functions with formulas, graphs, and mathematical tables[J]. New York: Dover Publications.

AIJ, 2015. AIJ Recommendations for Loads on Buildings[M]. Tokyo: Architectural Institute of Japan.

Armitt J, 1968. Eigenvector analysis of pressure fluctuations on the West Burton instrumented cooling tower: Internal Rep. RD/L/N114/68[R]. Leatherhead: Central Electricity Research Laboratory.

Aue A, Horváth L, Steinebach J, 2007. Rescaled range analysis in the presence of stochastic trend[J]. Statistics and Probability Letters, 77（12）：1165-1175.

Bailey A, 1933. Wind pressures on buildings[J]. Selected Engineering Papers, 1（139）：13466.

Beneke D L, Kwok K C S, 1993. Aerodynamic effect of wind induced torsion on tall buildings[J].

Journal of Wind Engineering and Industrial Aerodynamics, 50: 271-280.

Berkooz G, Holmes P, Lumley J L, 1993. The proper orthogonal decomposition in the analysis of turbulent flows[J]. Annual Review of Fluid Mechanics, 25: 539-575.

Bienkiewicz B, Tamura Y, Ham H J, et al., 1995. Proper orthogonal decomposition and reconstruction of multi-channel roof pressure[J]. Journal of Wind Engineering and Industrial Aerodynamics, 54-55: 369-381.

Bobby S, Spence S M J, Bernardini E, et al., 2014. Performance-based topology optimization for wind-excited tall buildings: a framework[J]. Engineering Structures, 74: 242-255.

Borée J, 2003. Extended proper orthogonal decomposition: a tool to analyse correlated events in turbulent flows[J]. Experiments in fluids, 35(2): 188-192.

Cammelli S, Vacca L, Li Y F, 2016. The investigation of multi-variate random pressure fields acting on a tall building through proper orthogonal decomposition[C]//IABSE Conference: Bridges and Structures Sustainability-Seeking Intelligent Solutions, May 8-11, 2016, Guangzhou: 897-904.

Cao H L, Quan Y, Gu M, et al., 2012. Along-wind aerodynamic damping of isolated rectangular high-rise buildings[J]. Journal of Vibration and Shock, 31(5): 122-127.

Carassale L, Solari G, 2002. Wind modes for structural dynamics: a continuous approach[J]. Probabilistic Engineering Mechanics, 17(2): 157-166.

Chen X Z, 2013. Estimation of stochastic crosswind response of wind-excited tall buildings with nonlinear aerodynamic damping[J]. Engineering Structures, 56: 766-778.

Cheng C M, Lu P C, Tsai M S, 2002. Acrosswind aerodynamic damping of isolated square-shaped buildings[J]. Journal of Wind Engineering and Industrial Aerodynamics, 90(12-15): 1743-1756.

Dalgliesh W A, Cooper K R, Templin J T, 1983. Comparison of model and full-scale accelerations of a high-rise building[J]. Journal of Wind Engineering and Industrial Aerodynamics, 13(1-3): 217-228.

Davenport A G, 1961. The application of statistical concepts to the wind loading of structures[J]. Proceedings of the Institution of Civil Engineers, 19(4): 449-472.

Davenport A G, 1963. The relationship of wind structure to wind loading[C]//Wind Effects on Buildings and Structures: 54-111.

Davenport A G, 1967. Gust loading factors[J]. Journal of the Structural Division, 93(3): 11-34.

Davenport A G, 1993. The generalization and simplification of wind loads and implications for computational methods[J]. Journal of Wind Engineering and Industrial Aerodynamics, 46-47: 409-417.

Davenport A G, 1995. How can we simplify and generalize wind loads?[J]. Journal of Wind Engineering and Industrial Aerodynamics, 54-55: 657-669.

Deodatis G, 1996. Simulation of ergodic multivariate stochastic processes[J]. Journal of Engineering Mechanics, 122(8): 778-787.

Flachsbart O, 1932. Winddruck auf geschlossene und offene Gebaeude[M]//Prandtl L, Betz A. Ergebnisse der Aerodynamischen Versuchanstalt zu Göettingen-IV. Lieferung L. Göttingen : Universitätsverlag Göttingen.

Foutch D A, Safak E, 1981. Tortional vibration of along-wind excited structures[J]. Journal of the Engineering Mechanics Division, 107（2）: 323-337.

Fu J Y, Li Q S, Xie Z N, 2006. Prediction of wind loads on a large flat roof using fuzzy neural networks[J]. Engineering Structures, 28（1）: 153-161.

Fu J Y, Liang S G, Li Q S, 2007. Prediction of wind-induced pressures on a large gymnasium roof using artificial neural networks[J]. Computers and Structures, 85（3-4）: 179-192.

Fujimoto M, Ohkima T, Amano T, 1977. Dynamic model tests of a high-rise building in wind tunnel flow and in natural winds[C]//Proceedings of the Fourth International Conference on Wind Effects on Buildings and Structures. Cambridge : Cambridge University Press.

Gabbai R, Simiu E, 2009. Aerodynamic damping in the along-wind response of tall buildings[J]. Journal of Structural Engineering, 136（1）: 117-119.

Gioffrè M, Gusella V, Grigoriu M, 2001. Non-Gaussian wind pressure on prismatic buildings. II : numerical simulation[J]. Journal of Structural Engineering, 127（9）: 990-995.

Goliger A M, Milford R V, 1988. Sensitivity of the CAARC standard building model to geometric scale and turbulence[J]. Journal of Wind Engineering and Industrial Aerodynamics, 31（1）: 105-123.

Guatteri M, Mai P M, Beroza G C, 2004. A pseudo-dynamic approximation to dynamic rupture models for strong ground motion prediction[J]. Bulletin of the Seismological Society of America, 94（6）: 2051-2063.

Gurley K, Kareem A, 1997. Analysis interpretation modeling and simulation of unsteady wind and pressure data[J]. Journal of Wind Engineering and Industrial Aerodynamics, 69-71 : 657-669.

Güven O, Farell C, Patel V C, 2006. Surface-roughness effects on the mean flow past circular cylinders[J]. Journal of Fluid Mechanics, 98（4）: 673-701.

Hamdia K M, Silani M, Zhuang X Y, et al., 2017. Stochastic analysis of the fracture toughness of polymeric nanoparticle composites using polynomial chaos expansions[J]. International Journal of Fracture, 206（2）: 215-227.

Han D J, Li J, 2009. Application of proper orthogonal decomposition method in wind field simulation for roof structures[J]. Journal of Engineering Mechanics, 135（8）: 786-795.

Holmes J D, 1990. Analysis and synthesis of pressure fluctuations on bluff bodies using eigenvectors[J]. Journal of Wind Engineering and Industrial Aerodynamics, 33（1-2）: 219-230.

Hua X G, Chen Z Q, Yang J B, et al., 2010. Turbulence integral scale corrections to aeroelastic wind tunnel experimental results with large scale model[J]. Journal of Building Structures, 31（10）: 55-61.

Hurst H E, 1951. Long-term storage capacity of reservoirs[J]. Transactions of the American Society of Civil Engineers, 116（1）: 776-808.

Islam M S, Ellingwood B, Corotis R B, 1990. Dynamic response of tall buildings to stochastic wind load[J]. Journal of Structural Engineering, 116（11）: 2982-3002.

Kanda J, Choi H, 1992. Correlating dynamic wind force components on 3-D cylinders[J]. Journal of Wind Engineering and Industrial Aerodynamics, 41（1-3）: 785-796.

Kareem A, 1981a. Wind-excited response of buildings in higher modes[J]. Journal of the Structural Division, 107（4）: 701-706.

Kareem A, 1981b. Wind induced torsional loads on structures[J]. Engineering Structures, 3（2）: 85-86.

Kareem A, 1982. Fluctuating wind loads on buildings[J]. Journal of the Engineering Mechanics Division, 108（6）: 1086-1102.

Kareem A, 1983. Mitigation of wind induced motion of tall buildings[J]. Journal of Wind Engineering and Industrial Aerodynamics, 11（1-3）: 273-284.

Kareem A, 1984. Model for predicting the acrosswind response of buildings[J]. Engineering Structures, 6（2）: 136-141.

Kareem A, 1985. Lateral-torsional motion of tall buildings to wind loads[J]. Journal of Structural Engineering, 111（11）: 2479-2496.

Kareem A, 1990. Measurements of pressure and force fields on building models in simulated atmospheric flows[J]. Journal of Wind Engineering and Industrial Aerodynamics, 36（1）: 589-599.

Kareem A, Cermak J E, 1984. Pressure fluctuations on a square building model in boundary-layer flows[J]. Journal of Wind Engineering and Industrial Aerodynamics, 16（1）: 17-41.

Kareem A, Zhou Y, 2003. Gust loading factor: past, present and future[J]. Journal of Wind Engineering and Industrial Aerodynamics, 91（12-15）: 1301-1328.

Katsev S, L'Heureux I, 2003. Are Hurst exponents estimated from short or irregular time series meaningful?[J]. Computers and Geosciences, 29（9）: 1085-1089.

Katsumura A, Katagiri J, Marukawa H, et al., 2001. Effects of side ratio on characteristics of across-wind and torsional responses of high-rise buildings[J]. Journal of Wind Engineering and Industrial Aerodynamics, 89（14-15）: 1433-1444.

Kawai H, 1992. Vortex induced vibration of tall buildings[J]. Journal of Wind Engineering and Industrial Aerodynamics, 41（1-3）: 117-128.

Kijewski T, Brown D, Kareem A, 2003. Identification of dynamic properties of a tall building from full-scale response measurements[C]//11th International Conference on Wind Engineering, June 2-5, 2003, Texas Tech University, Lubbock, Texas.

Kikuchi H, Tamura Y, Ueda H, et al., 1997. Dynamic wind pressures acting on a tall building model: proper orthogonal decomposition[J]. Journal of Wind Engineering and Industrial Aerodynamics, 69-71: 631-646.

Klimeš L, 2002. Correlation functions of random media[J]. Pure and Applied Geophysics, 159（7）: 1811-1831.

Ko N H, You K P, Kim Y M, 2005. The effect of non-Gaussian local wind pressures on a side face of a square building[J]. Journal of Wind Engineering and Industrial Aerodynamics, 93（5）: 383-397.

Kwok K C S, 1982. Cross-wind response of tall buildings[J]. Engineering Structures, 4（4）: 256-262.

Kwok K C S, Melbourne W H, 1981. Wind-induced lock-in excitation of tall structures[J]. Journal of the Structural Division, 107（1）: 57-72.

Li F H, Gu M, Ni Z H, et al., 2012. Wind pressures on structures by proper orthogonal decomposition[J]. Journal of Civil Engineering and Architecture, 6（2）: 238.

Li F, Zou L H, Song J, et al., 2021. Investigation of the spatial coherence function of wind loads on lattice frame structures[J]. Journal of Wind Engineering and Industrial Aerodynamics, 215: 104675.

Liang B, Tamura Y, Suganuma S, 1997. Simulation of wind-induced lateral-torsional motion of tall buildings[J]. Computers and Structures, 63（3）: 601-606.

Liang S G, Li Q S, Liu S C, et al., 2004. Torsional dynamic wind loads on rectangular tall buildings[J]. Engineering Structures, 26（1）: 129-137.

Liang Y C, Lee H P, Lim S P, et al., 2002. Proper orthogonal decomposition and its applications: Part I: Theory[J]. Journal of Sound and Vibration, 252（3）: 527-544.

Lin N, Letchford C, Tamura Y, et al., 2005. Characteristics of wind forces acting on tall buildings[J]. Journal of Wind Engineering and Industrial Aerodynamics, 93（3）: 217-242.

Loève M, 1977. Probability Theory I [M]. 4th ed. New York: Springer.

Mandelbrot B B, Wallis J R, 1969. Robustness of the rescaled range R/S in the measurement of noncyclic long run statistical dependence[J]. Water Resources Research, 5（5）: 967-988.

Marukawa H, Kato N, Fujii K, et al., 1996. Experimental evaluation of aerodynamic damping of tall buildings[J]. Journal of Wind Engineering and Industrial Aerodynamics, 59（2-3）: 177-190.

Marukawa H, Ohkuma T, Momomura Y, 1992. Across-wind and torsional acceleration of prismatic high rise buildings[J]. Journal of Wind Engineering and Industrial Aerodynamics, 42（1-3）: 1139-1150.

Mason D M, 2016. The Hurst phenomenon and the rescaled range statistic[J]. Stochastic Processes and their Applications, 126（12）: 3790-3807.

Matheron G, 1963. Principles of geostatistics[J]. Economic Geology, 58（8）: 1246-1266.

McNamara R J, Huang C D, 2000. Wind torsional effects on high rise buildings[C]//Advanced Technology in Structural Engineering. Reston: American Society of Civil Engineers.

Melbourne W H, 1980. Comparison of measurements on the CAARC standard tall building model in simulated model wind flows[J]. Journal of Wind Engineering and Industrial Aerodynamics, 6（1-2）: 73-88.

Melbourne W, Cheung J, 1988. Designing for serviceable accelerations in tall buildings[C]//

Proceedings of the 4th International Conference on Tall Buildings: 148-155.

Moehle J P, 1992. Displacement-based design of RC structures subjected to earthquakes[J]. Earthquake Spectra, 8 (3): 403-428.

Motlagh S Y, Taghizadeh S, 2016. POD analysis of low Reynolds turbulent porous channel flow[J]. International Journal of Heat and Fluid Flow, 61: 665-676.

Müller T M, Toms J, Wenzlau F, 2008. Velocity - saturation relation for partially saturated rocks with fractal pore fluid distribution[J]. Geophysical Research Letters, 35 (9): L09306.

Oliver M A, Webster R, 2015. Basic Steps in Geostatistics: the Variogram and Kriging[M]. Switzerland: Springer International Publishing.

Pardo-Igúzquiza E, 1997. MLREML: a computer program for the inference of spatial covariance parameters by maximum likelihood and restricted maximum likelihood[J]. Computers and Geosciences, 23 (2): 153-162.

Paulotto C, Ciampoli M, Augusti G, 2004. Some proposals for a first step towards a performance based wind engineering[C]//IFED-International Forum in Engineering Decision Making.

Peterka J A, Cermak J E, 1975. Wind pressures on buildings: probability densities[J]. Journal of the Structural Division, 101 (6): 1255-1267.

Piccardo G, Solari G, 1998. Generalized equivalent spectrum technique[J]. Wind and Structures, 1(2): 161-174.

Priestley M J N, Calvi G M, Kowalsky M J, 2007. Displacement-Based Seismic Design of Structures[M]. Pavia: IUSS Press.

Quan Y, Liang Y, Wang F, et al., 2011. Wind tunnel test study on the wind pressure coefficient of claddings of high-rise buildings[J]. Frontiers of Architecture and Civil Engineering in China, 5(4): 518-524.

Rocha M M, Cabral S V S, Riera J D, 2000. A comparison of proper orthogonal decomposition and Monte Carlo simulation of wind pressure data[J]. Journal of Wind Engineering and Industrial Aerodynamics, 84 (3): 329-344.

Rossi R, Lazzari M, Vitaliani R, 2004. Wind field simulation for structural engineering purposes[J]. International Journal for Numerical Methods in Engineering, 61 (5): 738-763.

Sarma D D, 2009. Geostatistics with Applications in Earth Sciences[M]. Berlin: Springer.

Saunders J, Melbourne W, 1975. Tall rectangular building response to cross-wind excitation[C]//4th International Conference on Wind Effects on Buildings and Structures. Cambridge: Cambridge University Press: 369-379.

Simiu E, 1976. Equivalent static wind loads for tall building design[J]. Journal of the Structural Division, 102 (4): 719-737.

Simiu E, Scanlan R H, 1996. Wind Effects on Structures: Fundamentals and Application to Design[M]. New York: John Wiley.

Simiu E, Yeo D H, 2019. Wind Effects on Structures: Modern Structural Design for Wind[M]. New York: John Wiley and Sons.

Solari G, 1986. 3-D response of buildings to wind action[J]. Journal of Wind Engineering and Industrial Aerodynamics, 23: 379-393.

Solari G, 1989. Wind response spectrum[J]. Journal of Engineering Mechanics, 115（9）: 2057-2073.

Sun Y H, Song G Q, Lv H, 2019. Extrapolation reconstruction of wind pressure fields on the claddings of high-rise buildings[J]. Frontiers of Structural and Civil Engineering, 13（3）: 653-666.

Tamura Y, Kawai H, Uematsu Y, et al., 1996. Wind load and wind-induced response estimations in the Recommendations for Loads on Buildings, AIJ 1993[J]. Engineering Structures, 18（6）: 399-411.

Tamura Y, Suganuma S, Kikuchi H, et al., 1999. Proper orthogonal decomposition of random wind pressure field[J]. Journal of Fluids and Structures, 13（7-8）: 1069-1095.

Tanaka H, Lawen N, 1986. Test on the CAARC standard tall building model with a length scale of 1∶1000[J]. Journal of Wind Engineering and Industrial Aerodynamics, 25（1）: 15-29.

Tang U F, Kwok K C S, 2004. Interference excitation mechanisms on a 3DOF aeroelastic CAARC building model[J]. Journal of Wind Engineering and Industrial Aerodynamics, 92（14-15）: 1299-1314.

Thepmongkorn S, Kwok K C S, 2002. Wind-induced responses of tall buildings experiencing complex motion[J]. Journal of Wind Engineering and Industrial Aerodynamics, 90（4-5）: 515-526.

Thepmongkorn S, Kwok K C S, Lakshmanan N, 1999. A two-degree-of-freedom base hinged aeroelastic（BHA）model for response predictions[J]. Journal of Wind Engineering and Industrial Aerodynamics, 83（1-3）: 171-181.

Thoroddsen S T, Peterka J A, Cermak J E, 1988. Correlation of the components of wind-loading on tall buildings[J]. Journal of Wind Engineering and Industrial Aerodynamics, 28（1-3）: 351-360.

Vickery B J, Basu R I, 1983. Across-wind vibrations of structures of circular cross-section. Part I. Development of a mathematical model for two-dimensional conditions[J]. Journal of Wind Engineering and Industrial Aerodynamics, 12（1）: 49-73.

Vickery B J, Steckley A, 1993. Aerodynamic damping and vortex excitation on an oscillating prism in turbulent shear flow[J]. Journal of Wind Engineering and Industrial Aerodynamics, 49（1-3）: 121-140.

von Kármán T, 1948. Progress in the statistical theory of turbulence[J]. Proceedings of the National Academy of Sciences, 34（11）: 530-539.

Vu-Bac N, Lahmer T, Zhuang X, et al., 2016. A software framework for probabilistic sensitivity analysis for computationally expensive models[J]. Advances in Engineering Software, 100: 19-31.

Vu-Bac N, Silani M, Lahmer T, et al., 2015. A unified framework for stochastic predictions of mechanical properties of polymeric nanocomposites[J]. Computational Materials Science, 96: 520-535.

Wang Y G, Li Z N, Li Q S, et al., 2008. Application of POD in calculation of heliostat's dynamic response to wind induction[J]. Journal Vibration and Shock, 27(12): 107-111.

Watanabe Y, Isyumov N, Davenport A G, 1997. Empirical aerodynamic damping function for tall buildings[J]. Journal of Wind Engineering and Industrial Aerodynamics, 72: 313-321.

Zeng J D, Zhang Z T, Li M S, et al., 2023. Across-wind fluctuating aerodynamic force acting on large aspect-ratio rectangular prisms[J]. Journal of Fluids and Structures, 121: 103935.

Zhang Y, Habashi W G, Khurram R A, 2015. Predicting wind-induced vibrations of high-rise buildings using unsteady CFD and modal analysis[J]. Journal of Wind Engineering and Industrial Aerodynamics, 136: 165-179.

Zhao Z W, Chen Z H, Wang X D, et al., 2016. Wind-induced response of large-span structures based on POD-pseudo-excitation method[J]. Advanced Steel Construction, 12(1): 1-16.

Zhou Y, Asce M, Kijewski T, et al., 2003. Aerodynamic loads on tall buildings: interactive database[J]. Journal of Structural Engineering, 129(3): 394-404.

Zhuang X Y, Huang R Q, Liang C, et al., 2014. A coupled thermo-hydro-mechanical model of jointed hard rock for compressed air energy storage[J]. Mathematical Problems in Engineering, 2014(1): 179169.

附　录　重标极差分析法（R/S）

设 $p_i(t)=\{p_1,p_2,\cdots,p_k\}$ $(k=1,2,\cdots,n)$ 为第 i 个测点的脉动风压时间序列，其平均值可表示为

$$\bar{\mu}=\frac{1}{n}\sum_{k=1}^{n}p_k \tag{A.1}$$

累计离差时间序列可定义为

$$Z_k=\sum_{l=1}^{k}(p_l-\bar{\mu})\qquad(l=1,2,\cdots,k) \tag{A.2}$$

极差范围为累计离差时间序列的最大值减去最小值，可表示为

$$R_k=\max(Z_1,Z_2,\cdots,Z_k)-\min(Z_1,Z_2,\cdots,Z_k) \tag{A.3}$$

样本标准差可定义为

$$S_k=\sqrt{\frac{1}{k}\sum_{l=1}^{k}(X_l-\bar{\mu})^2}\qquad(l=1,2,\cdots,k) \tag{A.4}$$

把极差 S_k 除以对应的样本标准差 S_k，得到标准化的重标极差，可表示为

$$(R/S)_k=R_k/S_k\qquad(k=1,2,\cdots,n) \tag{A.5}$$

随着时间序列 k 增加，极差序列也相应增加。赫斯特提出重标极差（R/S）与时间增量的关系：

$$R/S=Kn^v \tag{A.6}$$

式中，K 是常数；$n=\{1,2,\cdots,n\}$ 是时间增量；v 是赫斯特指数。

对两边取对数后得到：

$$\log(R/S)=v\log(n)+\log(K) \tag{A.7}$$

式中，赫斯特指数 v 是式（A.7）的斜率；$\log(R/S)$ 作为因变量依据 $\log(n)$ 做最小二乘法，然后用于对赫斯特指数 v 进行估计。